섹스 사이언스

성의 분화에서 성행동까지

섹스 사이언스
성의 분화에서 성행동까지

–

초판 1쇄 1987년 03월 20일
개정 1쇄 2022년 06월 21일

–

지은이 이시하마 아츠미
옮긴이 손영수
발행인 손영일
디자인 장윤진

–

펴낸 곳 전파과학사
출판등록 1956. 7. 23 제 10-89호

주 소 서울시 서대문구 증가로18, 204호
전 화 02-333-8877(8855)
팩 스 02-334-8092
이메일 chonpa2@hanmail.net
홈페이지 www.s-wave.co.kr
공식 블로그 http://blog.naver.com/siencia

ISBN 978-89-7044-702-5(03470)

섹스 사이언스

성의 분화에서 성행동까지

이시하마 아츠미 지음 | 손영수 옮김

전파과학사

책 머리에

성과학(Sexualwissenschaft)이라는 말을 처음 사용한 것은 독일의 의사 엘리스(H. H. Ellis)이다. 그 후, 크라프트 에이빙(R. F. von Krafft -Ehibing), 히르슈펠드(M. Hirshfeld), 프로이트(S. Freud) 등의 독일 의학자들에 의하여 주로 이상 성행동(異常性行動)의 연구가 이루어져 왔다. 특히 히르슈펠드는 베를린에『성과학 연구소』를 설립하여 성의 과학적 연구에 종사했다. 그러나 이 연구소는 아깝게도 히틀러 정부에 의해서 폐쇄되어 오늘에 이르고 있다.

전후에는 주로 미국의 학자들에 의해서 성의 과학적 연구가 이루어져 왔다. 디킨슨(R. G. Dickinson), 킨제이(A. C. Kinsey), 마스터즈(W. H. Masters), 존슨(V. E. Johnson)에 의해 성의 과학적 연구가 이루어져 왔으며, 이들에 의해 인간의 성 연구가 연달아 발표되었다. 독일의 성 연구가 주로 성의 병리학적 연구이었던 것에 비해, 미국의 연구는 주로 인간의 성의 생리학적 연구였다. 이처럼 인간의 성에 관한 과학적 연구는 겨우 최근에 와서야 막 시작되었다.

일본에서는 오랫동안 성 자체가 일체 터부시되었던 관계도 있고 하여, 생식생리(生殖生理), 생식병리(生殖病理)에 관해서는 상당한 연구 보고가 있었지만, 그 이외의 인간의 성에 관한 과학적 연구가 매우 적다.

그 증거로 일본에는 성의학 강좌를 개설하고 있는 의과대학이 전국에 단 한 곳도 없다. 또 성과학·성의학의 학회도 없다.

필자는 전에 『성의학 입문』이라는 전문가를 대상으로 한 책을 출판했다. 그러나 성의학은 아직 체계도 서 있지 않기 때문에 해외의 보고를 주로 한 독단적인 체계라는 비난을 면할 수가 없었다.

이번에 고단샤 과학도서 출판부의 후지이 씨의 간청에 못 이겨, 일반인을 대상으로 인간의 성에 관하여 되도록 과학적으로 기술하기로 했다. 그러나 앞에서 말한 대로, 성과학에는 체계라는 것이 없어 이번에도 또 필자의 독단으로 기술할 수밖에 없었다.

더구나 일본에서는 성과학에 관한 보고가 극히 적고 학회의 발표도 없으므로, 해외의 보고를 많이 인용할 수밖에 없었다. 특히 의학 이외의 생물학 관련한 문헌을 많이 인용했다는 점을 보고하는 동시에 그 책의 저자들에게 감사를 드린다.

또 이 책의 표제 '섹스 사이언스'라는 말은 엄밀하게는 학술적 용어가 아니며, 올바르게 말하자면 'Science of sex'라고 해야겠지만, 최근 일반적으로 통용되고 있는 용어라는 생각에서 굳이 이렇게 쓴 점을 미리 말씀드리고 양해를 구한다.

지은이

목차

1장

성이란 무엇인가?

성(性)이라는 한자는, 심방변(忄)에 날생(生) 자를 붙여서 쓴다. 심방변은 곧 「마음(心)」이라는 뜻을 나타내고 날생, 즉 생산은 「신체」를 의미한다. 따라서 성이란 마음과 몸의 양면을 나타내고 있는 것이다. 바꿔 말하면, 성이란 인간 자체를 뜻하고 있으며, 결코 성기(性器)라든가, 성행동, 성적 쾌락만을 의미하고 있는 것은 아니다.

⚥ 성이라는 말이 의미하는 것

성은 인간 전체를 표현한다

성(性)이란 무엇이냐는 질문을 받아도 이것에 알기 쉽게 대답하기란 매우 곤란한 일이다. 그만큼 우리나라의 성이라는 말에는 복잡한 의미가 포함되어 있기 때문이다.

여태까지 우리가 일반적으로 성이라고 말하는 경우에는「남녀 양성을 구별하는 성」,「성징(性徵)에서의 성」,「생식, 번식 등의 성」,「성격, 성질 등의 성」또는「성적 충동, 쾌락의 성」이라는 것으로 생각해 왔다. 특히 우리나라에서는 성이 오랫동안 터부시되고 있었기 때문에, 보통 성이라고 하면 마지막에 든 쾌락의 성만을 연상하는 경우가 많다. 그 때문에 성이라고 하게 되면 외설스러운 것, 불결한 것, 천한 것이라는 인상이 앞선다.

애초, 성(性)이라는 한자는, 심방변(忄)에 날생(生) 자를 붙여서 쓴다. 심방변은 곧「마음(心)」이라는 뜻을 나타내고 날생, 즉 생산은「신체」를 의미한다. 따라서 성이란 마음과 몸의 양면을 나타내고 있는 것이다. 바꿔 말하면, 성이란 인간 자체를 뜻하고 있으며, 결코 성기(性器)라든가, 성행동, 성적 쾌락만을 의미하고 있는 것은 아니다.

섹스의 어원과 『성서』

영어로 성은 섹스(sex)라고 한다. 이것은 라틴어의 sexus라는 문자가 그 어원이다. 이것을 동사로 하면 세코(seco-) 「나누다」, 「떼어 놓다」라는 뜻이 된다.

본래 남녀는 한몸인 것이 이상(理想)적인데, 그것이 어느 틈엔가 남성과 여성으로 갈라진 것이라고 하는 데서 기인했을 것이다.

이를테면, 한 사람이 남녀의 양쪽 성기를 갖추고 있는 것을, 의학용어로는 반음양(半陰陽: 남녀추니)이라고 한다. 영어로는 Hermaphrodite이다. 이것은 그리스 신화에 나오는 이상적인 남성의 상징인 헤르메스(Hermes)와 이상적인 여성의 상징인 아프로디테(Aphrodite)를 결합한, 말하자면 상징화된 이상적인 인간을 말한다.

즉, 태곳적 사람들은 지렁이나 달팽이처럼 동일 개체에 암수 양 성기를 갖추고 있는 것을 이상적인 인간으로 삼고 있었다. 그것이 억지로 남성과 여성으로 갈라져 버린 것이다. 그러나 남녀의 성기를 모두 갖춘 태곳적의 인간이, 언제부터 남성과 여성으로 갈라졌는지는 분명하지 않다.

이것에 대해서는 남녀 성기의 분화에 관한 항목에서 다시 자세히 언급하기로 하겠다.

영어의 섹스라는 말이 처음으로 문자로서 나타난 것은, 14세기 말에 『구약성서』가 영어로 번역되었을 때라고 한다. 『구약성서』에 쓰여 있는 유명한 노아의 홍수 때, 노아의 방주에 암수의 동물을 실었다는 대목이 있다. 여기에서 수컷(male sex)과 암컷(female sex)이라는 영문으로 표현된다.

이렇게 본다면, 우리말의 성과 영어의 섹스에서는 그 의미가 크게 다르다는 것을 알 수 있다.

우리말의 성이 훨씬 더 광범한 의미를 가졌고 훌륭한 표현이라고 할 수 있다. 그럼에도 우리말로 성이라고 말하면 왠지 외설스럽기만 하고, 천하게 느껴지며, 섹스라고 하면 고상하게 들리는 것은 어찌 된 이유일까?

⚥ 인간의 성은 어떻게 결정되는가?

인간은 양성의 성질과 요소를 지니고 있다

남성과 여성을 구별하는 일은 매우 복잡한 일로, 오늘날에도 아직 해결되지 못한 숱한 문제가 남아 있다. 남성과 여성이라는 성을 결정하는 것을 의학이나 생물학 쪽에서는「성의 결정」이라고 말하고 있다.

일반적으로 수컷·암컷의 양성(兩性) 형질(形質)이라는 것은 모든 생물에 많건 적건 함유되어 있다. 따라서 완전무결하게 수컷 또는 암컷의 형질만을 갖춘 생물이란 극히 드물다.

특히 인간 이외의 동물에서는 그 경향이 두드러진다. 그러나 인간도 결코 예외는 아니다. 즉 어떤 인간이라도 모두 남성과 여성의 성질과 요소를 갖추고 있다.

형태와 성선의 구조에 의존하는 방법

일찍이 그 인간이 남자냐 여자냐를 결정할 경우, 전적으로 외성기(外性器)의 형태에 의해서 구별하고 있었다. 그런데 동일 개체이면서도 남녀 양성기를 갖추고 있는 것이 발견되었기 때문에, 성의 결정은 육안적인 외성

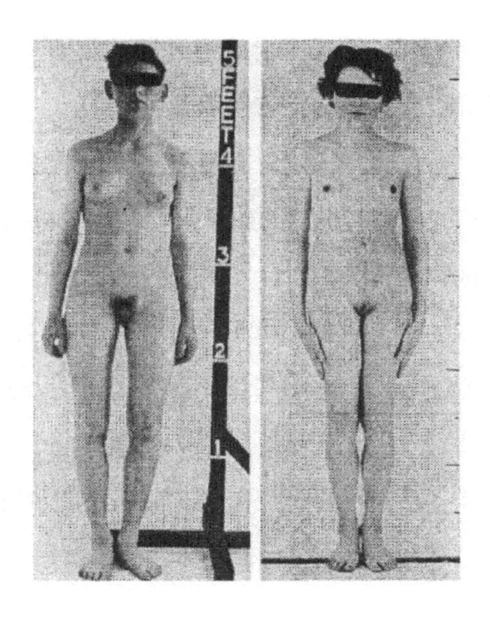

그림 1 | 반음양. ← 여성 가성 반음양(남성형 난소)와 → 남성 가성 반음양(여성형 고환)

기의 형태만으로서는 결정할 수 없게 되었다.

16세기(1590년)에 네덜란드의 얀센(C. Jansen)이 발명한 현미경은, 그 후 생물의 성결정에도 큰 역할을 수행하게 되었다. 현미경을 통해 난소(卵巢)와 고환(睾丸)의 조직구조를 구별할 수 있게 되었기 때문이다. 그 때문에 설사 외성기의 형태가 남성처럼 보이건 여성처럼 보이건 간에 성선(性腺)의 구조가 난소일 때는 그 인간을 여성이라고 하게 된다. 그 반대도 마찬가지로 성선의 구조가 고환이면 그 인간을 남성이라 구별하게 된다. 또 이처럼 성기의 형태와 성선의 구조가 일치하지 않는 것은 반음양이라고 불렸다. 그중에서 성기의 형태가 남성형이라도 성선의 구조가 난소이면 이것은 여성 가성 반음양(女性假性半陰陽)이라 불렀다.

또 그 반대의 경우, 즉 외성기의 형태가 여성형이라도 성선이 완성된 고환을 가졌으면 그 사람은 남성으로 보고, 이 경우에는 남성 가성 반음양(男性假性半陰陽)이라고 부른다(그림 1).

또한 성선의 구조가 난소와 고환을 모두 가지고 있으면 이것을 진성 반음양(眞性半陰陽)이라고 불렀다. 이 반음양 중 실제로 가장 많은 것은 여성 가성 반음양이다.

이와 같이 18세기까지 인간의 성이란 것은 남성과 여성 그리고 반음양의 어느 범주에 들어가는 것이라고 생각하고 있었다. 그런데 조직학적으로 보더라도, 성을 남녀 어느 쪽으로도 결정할 수 없는 것이 나타났다.

이를테면 성선의 분화(分化)가 늦어서, 완전하게 분화된 난소와 고환의 구조를 나타내지 않는 것과 같은 경우이다. 이 같은 인간은 성선의 구조에 의해서는 성을 결정할 수가 없는 것이다.

염색체의 발견과 성의 결정

20세기에 들어오자(1949년), 성염색체(性染色體)라고 하는 획기적인 성 결정 방법이 발견되어 성의 결정이 한층 진보하게 되었다(그림 2).

남성의 체세포(體細胞)에는 X와 Y라고 하는 두 가지 성염색체가 있고, 여성의 체세포에는 XX라고 하는 두 가지 성염색체가 포함되어 있다는 것

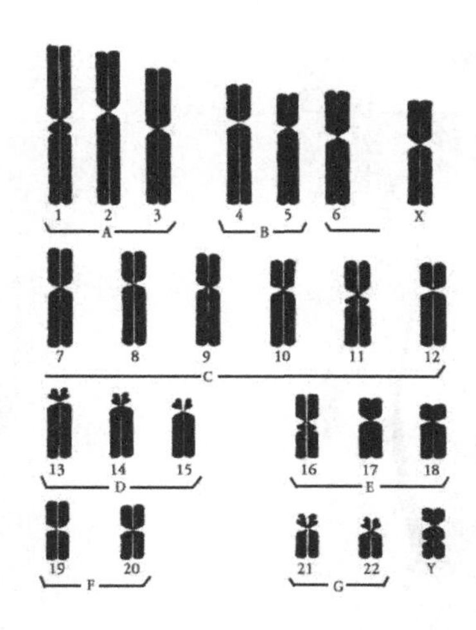

그림 2 | 인간의 염색체 (반수) 모식도

이 알려지게 되었다. 그러므로 이 성염색체의 조합을 조사함으로써, 여태까지 남녀 양성 중 어느 쪽이라고 결정할 수 없었던 것도, 어느 한쪽으로 결정할 수 있게 되었다.

현재는 의학적으로 인간 개체의 성은 위에서 설명한 세 가지 요소로부터 결정하는 것으로 하고 있다. 즉「성기의 형태에 의한 성」,「성선의 구조에 의한 성」그리고「성염색체에 의한 성」이다.

이를테면 의학적으로 완전한 여성이라고 할 경우, 성기의 형태는 여성형, 성선은 난소, 그리고 성염색체는 XX의 조합이다.마찬가지로 남성에서 성기의 형태는 남성형, 성선의 구조는 고환, 그리고 성염색체의 조합은 XY이다. 이것이 의학적으로 말해서 남성 중의 남성인 셈이다.

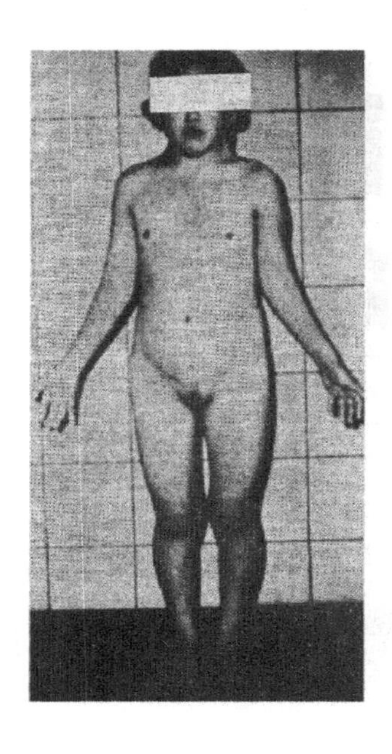

그림 3 | 터너증후군(체형 · 여형, 성염색체 OX)

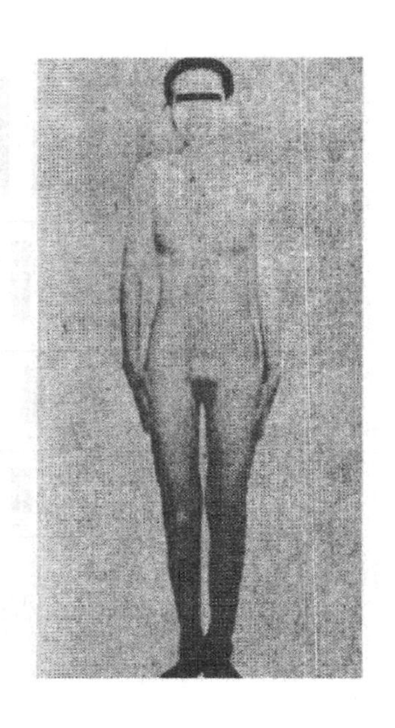

그림 4 | 클라인펠터증후군(체형 · 남성형, 성염색체 XXY)

염색체의 이상과 성

그런데 이 성염색체로도 성을 결정할 수 없는 것이 발견되었다. 그것의 대표적인 것이 터너증후군(Turner 症候群, 그림 3)이나 클라인펠터(Klinefelter)증후군(그림 4)이라고 불리는 것이다. 이것들은 염색체성 반음양(染色體性半陰陽)이라고 불린다. 이 중 터너증후군은 성기의 형태와 체형이 여성형이면서도 성선의 구조가 분명하지 않고, 성염색체는 일부가 결손된 OX형의 조합이다. 그래서 현미경에만 의존하여 성을 결정하고 있었

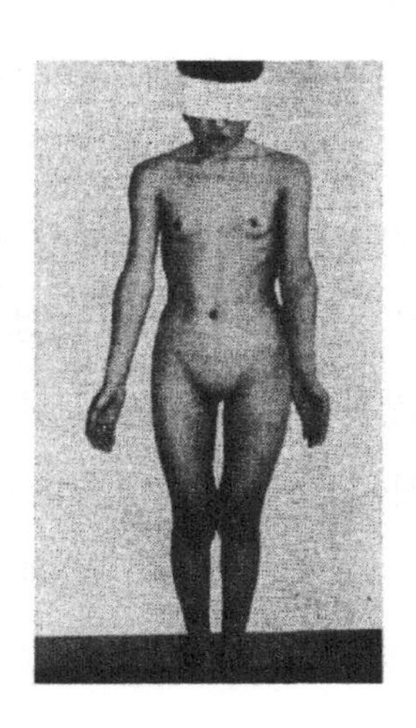

그림 5 | 고환성 여성화 증후군(체형·여성형, 성선 고환, 수술 전으로 음모는 깎았음).

던 시대에는 난소 무발생증(卵巢無發生症)이라로 불리고 있었다. 그러나 성염색체로부터 생각하면 오히려 고환 무발생증이라고 해야 마땅할 것이라고 생각된다.

반면 클라인펠터증후군이라는 것은 체형과 성기는 남성형이며, 고환의 분화가 나쁘고 무정자증(無精子症)인 데다가 성염색체는 XXY라고 하는 조합으로, 성염색체가 한 개 더 많은, 복잡한 것이다.

이런 반음양 중에서 현재 가장 참혹한 것이 이른바 고환성 여성화 증후군(睾丸性女性化症候群, 〈그림 5〉)이라고 불리는 것이다. 이것은 완전히 발육한 여성의 몸으로, 유방과 외음부(外陰部)는 완전한 여성형에 충분히 발달한 질(膣)을 가졌지만, 자궁(子宮)과 난관(卵管) 등이 없는 것이 많다. 성염색체는 XY로 남성형이고, 더구나 완전히 분화 발육한 고환을 가지고 있다는 점이다.

고환성 여성화 증후군이라고 하는 반음양은, 어쩐 이유인지 미인이 많은데, 대부분은 여성으로서의 교육도 받고, 여성으로서의 결혼생활을 하고 있는 경우가 많다. 성생활도 하고 있지만 물론 불임증(不姙症)이다.

이런 경우, 어느 쪽 성을 우선해야 할 것이며 또 그런 사실을 본인에게 알려 주어야 할 것인지는, 의사로서는 암의 존재를 알려주는 것 이상으로 판단하기 힘든 일이다.

성의 결정, 그 밖의 요인

이러한 생물학적, 의학적 반음양은 따로 접어두고, 앞에서 말했듯이 정상적으로 발육하고 있는 것이라도, 인간은 남녀 양쪽의 형질을 거의 모든 사람이 지니고 있다.

이를테면 양적인 차이가 있기는 하지만, 남녀에게는 모두 남성호르몬과 여성호르몬이 함께 혈액 속에 흐르고 있다. 또 남자다운 성격, 여자다운 성격이라는 것도 남녀에게 모두 있는 것이다.

매우 상이한 형태를 나타내는 남녀의 성기조차도, 발육과 분화과정에서는 같은 형태를 하고 있다. 이것에 대해서는 뒤에서 다시 설명하기로 한다.

이렇게 생각해 보면, 인간의 성이라고 하는 것은 매우 복잡하고 불가해하며, 불안정한 것이라고 할 수 있다. 따라서 이 성을 결정한다고 하는 얼핏 보기에는 단순한 일도, 사실은 매우 곤란한 일이라는 것을 이해할 수 있을 것이다.

그 때문에 학자들 가운데는 생물학적, 형태학적인 방법으로써 남녀의 성별을 결정하지 말고, 기능적 또는 정신적, 성격적인 구별로써 성을 결정하려는 사람도 있다. 또 남성·여성호르몬의 양에 의해서 각각의 성을 결정하자는 학자도 있다.

그러나 현재 의학적인 성의 결정은 앞에서도 말한 대로 「성기에 의한 성」, 「성선에 의한 성」, 「염색체에 의한 성」의 세 가지 조건에 따르고 있고, 그중의 어느 한 가지 이상이 어긋나는 것을 이상, 즉 반음양이라 부르고 있다.

그런데 이와 같은 의학적인 성결정 이외에, 인간사회에서는 「법률적 성」, 「사회적 성」이라는 것도 있어서, 인간의 성결정을 더욱 복잡하게 만들고 있다.

이를테면, 우리는 태어나면 2주일 이내에 출생지의 동회를 통해서 출생신고를 해야 한다. 더구나 이때는 남녀의 성별은 물론, 이름까지 지어서 신고하게 되어 있다. 이때의 성이 「법률적인 성」이라는 것이다. 그러므로 그때, 지나치게 남성적인 이름을 짓거나 반대로 뚜렷한 여성 이름으로 지어두면, 시일이 지나고 나서 의학적인 성이 결정되었을 때 귀찮은 일이 생기는 수가 있다. 그러나 다행하게도 성의 모순이란 그렇게 빈번하게 일어나는 것은 아니다.

또 사회적인 성이라는 것은, 복장이라든가 머리카락 모양에 의한 남녀의 성별을 말한다. 이를테면 옛날에는 전형적인 여성이라고 하면 머리를 길게 기르고, 색옷을 입고, 스커트를 입고, 하이힐을 신었다. 그런데 요즘에는 남자도 머리를 길게 기르고, 웨이브를 하고, 원색 옷을 입고, 굽이 높은 구두를 신는다.

한편, 여성도 쇼트커트 머리에다 바지를 입는 사람도 있어, 외관만으로는 남녀의 성별을 판단하기가 어려워지고 있다. 즉 사회적인 성도 복잡·혼돈해지고 있는 셈이다.

이렇게 생각하고 보면, 인간의 성이라는 것은 의학적으로나 생물학적으로 또 사회적으로나 법률적으로도, 그 구별이 한층 어려워지고 있다고 말할 수 있다. 현대는 성의 혼란, 또는 흔히 말하듯이 유니섹스(unisex)니, 모노섹스(monosex) 시대니 하며 성별을 의식하지 않는 것도 이런 배경이 있기 때문이 아닐까?

⚥ 성의 결정은 언제 이루어지는가?

감수분열과 성염색체

염색체에 의한 성의 결정은 정자와 난자의 수정 순간에 성염색체의 조합에 의해서 결정된다.

인간의 체세포는 남녀 모두 같은 모양을 한 46개의 염색체가 쌍을 이루어서 배열되어 있다. 그중의 마지막 한 쌍이 X와 Y라는 성염색체이다. 인간의 성선에서 정자와 난자가 만들어질 때는 감수분열(減數分裂)이라는

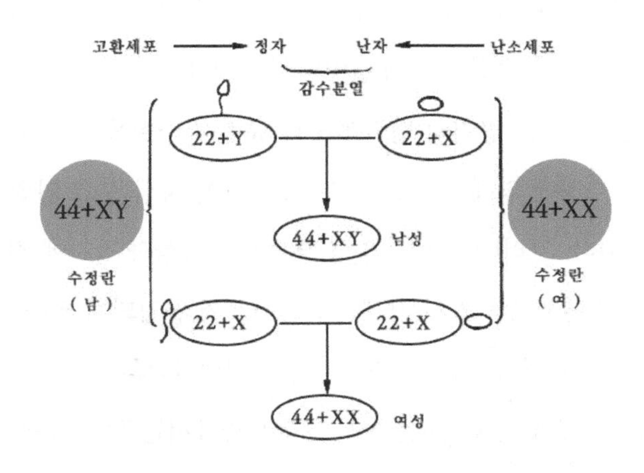

그림 6 | 감수분열과 수정의 메커니즘

특별한 분열이 이루어진다.

이 분열은 글자 그대로, 한 쌍씩 있는 46개의 염색체가 한 개씩으로 갈라져서, 각각 두 개의 정자 또는 난자가 만들어지는 것이다. 따라서 한 개의 정자나 난자 속에는 쌍을 이루고 있던 염색체 한 개씩이, 한 개의 정자에는 23개, 한 개의 난자에도 23개가 들어 있는 것이다.

그런데 46개의 염색체 중 마지막 한 개는 XX와 XY라는 성염색체로서 쌍을 이루고 있기 때문에, 이 한 개가 두 개로 갈라지는 감수분열에서는, 정자에서는 X와 Y로 하나씩 다른 정자가 만들어지게 된다. 난자 쪽은 어느 쪽도 한 개의 X염색체를 가진 두 개의 난자가 만들어지게 된다.

따라서 X염색체를 가진 정자가 난자와 수정하면, 그 수정란은 XX라는 성염색체의 조합으로 여성이 된다. 그런데 Y염색체를 가진 정자가 난자와 만나면, XY의 조합이 되고 그 수정란은 남성으로 발육하게 된다. 이와 같이 염색체에 의한 성의 결정은 남성 쪽의 정자에 그 결정권이 있으며, 더구나 그것은 수정 순간에 결정되는 것이다(그림 6).

감수분열에서는 양친의 형질(形質)과 유전적 소질을 가진 염색체는 모조리 반씩 수정에 의해서 전달되고, 그 때문에 자식은 그 양친의 소질을 승계하게 된다. 그러나 마지막의 성 결정만은 남성과 정자에 결정권이 있고, X와 Y의 염색체를 가진 정자와 만남으로써 결정되게 된다.

그렇다면 왜 터너증후군이라든가 클라인펠터증후군이라는 별난 조합이 생기는 것일까? 현재로서는 아직 그것에 대해서는 잘 알지 못하고 있다.

염색체에 의한 성의 결정은, 이렇게 해서 이루어지지만 XY의 염색체를 가진 것이 모조리 남성 성기를 가졌다는 것은 아니다. 그것은 이미 반음양의 대목에서 설명한 바와 같다.

성기의 형태를 결정하는 것

그렇다면 성기의 형태에 의한 성의 분화는 어떻게 이루어지는 것일까?

인간의 개체는 수정에 의해서 태어나고, 그 성염색체에 의한 성의 결정은 수정 순간에 결정된다는 것을 앞에서 이야기했다. 그러나 그 이후 인간의 발육, 특히 성기를 포함한 남녀의 분화는, 이 또한 매우 복잡한 경과를 더듬는데 아직도 분명하지 않은 점이 매우 많다.

인간의 성선의 발생은, 태생 제4주배(胎生第4週胚)에서 이미 인정된다.

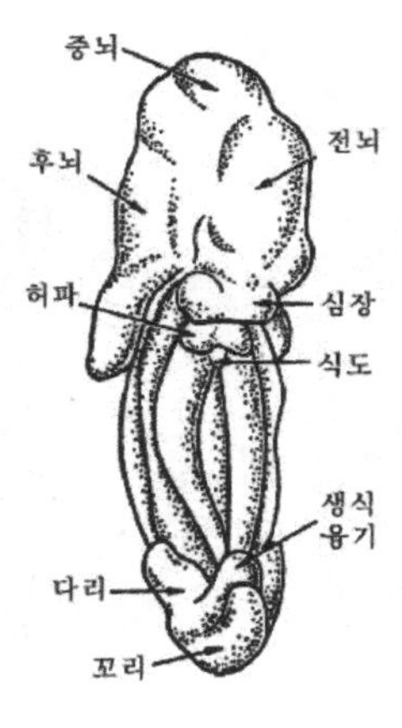

그림 7 | 생식융기

이때의 성선은 제6흉절(胸節)로부터 제2선절(仙節)에 걸치는, 중신(中腎)과 배측 장간막(背側腸間膜)과의 사이의 융기로 발생한다.

이 융기를 생식융기(生殖隆起)라고 부르는데, 이 시점에서는 아직 난소와 고환이 구별이 안 된다. 난소와 고환의 구별을 할 수 있게 되는 것은 제7주배가 되고서부터이다(그림 7).

이와 같은 미분화 성선이 어떻게 해서 난소와 고환으로 분화해 나가는지, 이에 대해서도 아직은 미지의 부분이 매우 많고, 결정적인 증명이 이루어져 있지 않다.

위치(E. Witschi)는 1934년에, 양서류의 연구를 통해 성선의 피질원기

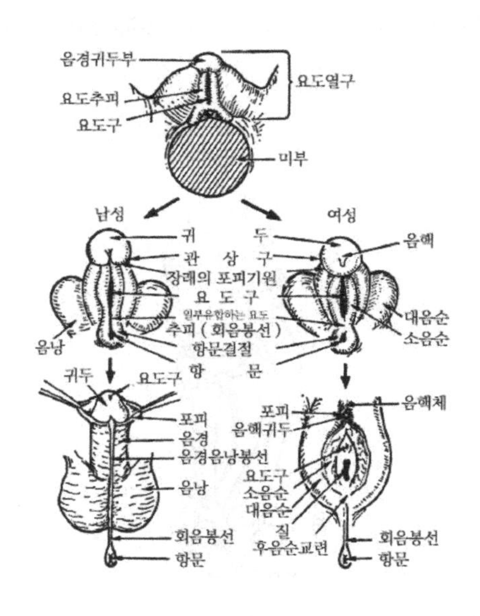

그림 8 | 분화 도중의 성기

(皮質原基) 속에는 암·수 각각의 유도인자(誘導因子)라는 것이 있는데, 그것이 우위인 쪽이 다른 것을 이겨서 성선의 성을 결정한다는, 유명한 「유도설(誘導說)」을 제창했다.

이것에 대해 「호르몬설」을 제창하는 학자도 있다. 즉 태생 제7주 정도가 되면, 성선이 되는 원기에 호르몬 분비를 하는 간세포(間細胞)가 결합조직에서부터 분화해 나온다. 이 간세포는 태령(胎齡) 3~4개월경에 호르몬의 감수성이 매우 높아, 이 시기에 모친으로부터 안드로겐(androgen: 남성호르몬) 모양의 물질의 영향을 받으면, 성선이 고환으로 분화, 발육해 가는 것이라고 말하고 있다.

오늘날 모든 태아는 안드로겐만 없으면 모조리 여성으로 발육, 분화해 간다고 생각되고 있다.

이와 같이 성선도 그 시초에는 남녀의 구별이 없고, 태생 도중에 어느 날 갑자기 남성호르몬이 밀어닥치면, 그 이후는 남성으로서 발육, 분화해 가는 것이라고 한다.

외성기의 발육, 분화도 같다. 외성기는 〈그림 8〉에 나타냈듯이 처음에는 남녀의 구별이 없다. 그것이 태내에서 성선이 먼저 고환과 난소로 분화하고, 거기서 분비되는 남성호르몬과 여성호르몬에 의해, 태어날 때까지에는 완전한 남성형, 여성형으로 분화·발육하는 것이다.

성차와 성의 분화

얼핏 보기에 단순하게만 생각되는 탄생 후의 성분화(性分化) 또한 매우 복잡하다. 특히 남성과 여성의 성격 차, 정신행동 등의 성차(性差)에 대해서는 아직도 해결되지 못한 부분이 많다.

출생 후 남녀의 성차에는 성호르몬이나 환경 등이 큰 영향을 미친다는 것이 알려져 있다. 특히 제2차 성징(性徵)의 발육에 미치는 호르몬의 영향에는 큰 것이 있다. 제2차 성징이라는 것은 이른바 남성다운 신체, 여성다운 몸매를 말하며, 또 남성다운 성격, 여성다운 성격이라는 것도 포함된다.

남성으로서의 제2차 성징의 신체적인 특징은, 키가 크고 체격이 큼직하며 어깨가 넓으며, 그것에 반하여 골반(骨盤)이 좁은 것이 특징이다. 또 근육이 잘 발달하고 피부가 두꺼우며, 살결이 거칠고 색깔이 검은 것이 특징이다. 게다가 피지선(皮脂腺)이 많고, 피하지방층이 적으며 여성에 비해서 털이 많다. 그 때문에 거웃(陰毛)이 많아서 배꼽 위로까지 번지며, 뒤로는 항문 주위, 또는 흉부에도 털이 나는 경우도 많다. 그 밖에 후두(喉頭)가 잘 발달하여 낮은 목소리, 유방의 발육부전, 적혈구 수 등도 여성에 비해서 많다.

제2차 성징의 발달은 생후, 이른바 사춘기로 일컫는 연대로 우리나라에서는 7, 8세 경부터 두드러지며, 17~18세에서 일단 완성하는 것으로 되어 있다(그림 9).

이러한 제2차 성징 발현의 원인도 사실은 남성호르몬, 즉 테스토스테론(testosterone)의 영향에 의한 것이다. 이 남성호르몬은 이미 말했듯이,

모태 내에서의 태아의 성결정에 큰 역할을 수행해 왔다. 또 그것이 출생 이후의 성징에도 큰 영향을 끼치고 있다.

이를테면 남성의 고환은 태생 7개월쯤에는 음낭(陰囊) 안으로 하강한다고 알려져 있다. 이 고환의 음낭 내 하강현상도 테스토스테론의 작용이라고 생각되고 있다.

그 때문에 고환이 음낭 안으로 내려가지 않는 경우(정류 고환이라고 한다), 샅굴부위(서혜부, 鼠蹊部)의 통로를 넓히고 테스토스테론을 투여하면, 고환이 내려온다는 사실이 알려져 있다.

남성은 외형으로나 생리학적인 면에서도 여성과는 다를 뿐만 아니라, 성격이나 사고방식 등에도 남성으로서의 특징이 있다. 이 남성의 심리적, 정신적인 특징도 남성호르몬의 영향을 받고 있다고 알려져 있다.

태생기의 남성호르몬이 성기를 남성화할 뿐만 아니라, 대뇌의 신경계통에도 영향을 주어 사고방식과 행동을 남성화하기 때문이라고 말하고 있다.

부신 성기 증후군(副腎性器症候群)이라는 병이 있는데, 이것은 부신에 악성종양이 생겨서 다량의 안드로겐(남성호르몬)을 분비하는 것이다. 여성이 이 병에 걸리면, 성기가 남성화할 뿐만 아니라 여성다움을 상실하고, 결혼에도 관심이 희박해지며, 남성과 같이 옥외활동이나 탈것에 관심을 보이는 경우가 있다.

최근에는, 성대상(性對象)의 이상으로 일컬어지는 이상 성행동도 태아적의 신경계에 안드로겐이 감작(感作)하지 않았기 때문일 것이라고 말하는 학자가 있다.

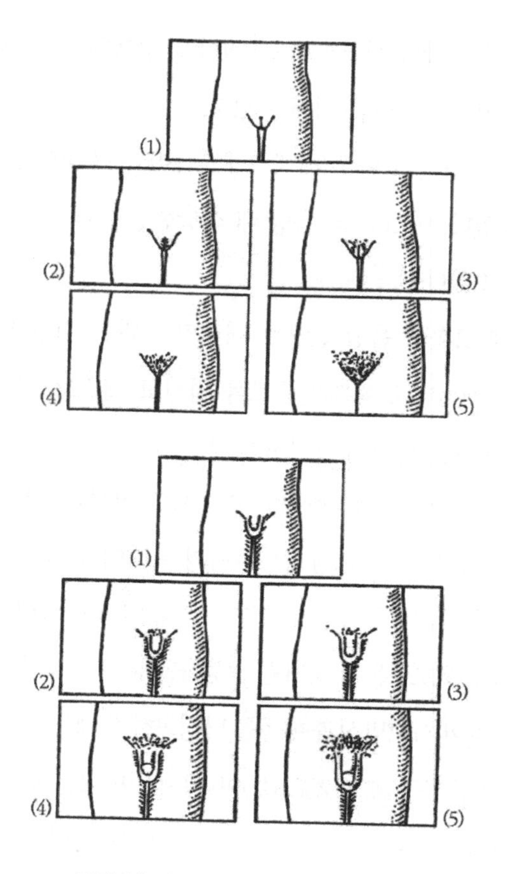

그림 9 | 사춘기에서의 성징의 발육

이처럼 성의 결정에는 현재도 아직 미해결인 문제가 매우 많은데, 성염색체와 호르몬이 이 문제에 대한 열쇠를 쥐고 있다는 사실을 알고 있다. 특히 호르몬 중에서는 남성호르몬이 중요한 역할을 하며, 육체적으로는 물론 정신적, 심리적인 성결정에도 큰 영향을 끼치고 있다는 것이 밝혀지고 있다.

인간의 성은 그 발생 초기에는 성염색체에 의해서 남성형인지 여성형인지가 결정된다. 그 후의 분화 단계에서 성기는 남녀 어느 쪽도 아닌 어중간한 형태로 발생하여, 도중에서 남성호르몬의 영향을 받은 것만이 그 후 남성으로서 성장해 간다. 태내에 있어서 남성호르몬의 영향을 받지 않았던 것은, 그 후 여성으로서 분화·성장해 가는 셈이다.

⚥ 성과 생식의 차이

성이 없는 생식과 생식이 없는 성

지금까지 우리나라에서 의학과 생물학의 대상으로서 연구되어 온 성은 생식(生殖)과의 관계인 경우가 많았다. 생식이란 생물학 사전에 따르면 「자기와 같은 개체를 생산하는 일」이라고 한다.

유성생식(有性生殖)을 하는 생물, 즉 암컷과 수컷으로 갈라져 있는 생물은 반드시 서로의 성기를 결합시켜, 서로의 성세포를 합일(合一)하게 함으로써 자기와 같은 개체를 생산하고 있다.

그러므로 성이라고 하게 되면, 아무래도 이 생식 때의 성을 연상하게 된다. 이로 인해 성이라고 하면 성기의 결합만을 생각하기 쉬워진다. 그러나 생식생리학(生殖生理學)의 진보에 의해 오늘날에는, 성기의 결합을 하지 않아도 생식이 가능해지고 있다. 특히 인간 이외의 가축 등에서는 현재 대부분 성기결합을 하지 않는 생식이 이루어지고 있다.

인간도 옛날에는 생식 때 반드시 성기를 결합하고 있었다. 그러므로 성기의 결합이 불가능한 경우는 의료(醫療)의 대상으로 생각했다. 그런데 오늘날에는 인간도 생식에 있어서, 반드시 성기를 결합해야 하는 것은 아니게 되었다. 인공수정, 체외수정 등의 기술이 이것에 해당한다. 따라서 오늘날에는, 정자와 난자가 정상으로 생산되고 있으면, 설사 음경(陰莖)이 기형이건, 난자의 수송이 장애를 받고 있건 간에 그러한 기술들에 의해 생식이 가능해졌다.

최근에는 이와 같은 성이 없는 생식이 있는가 하면, 한편에서는 생식이 없는 성이라는 것도 이루어지고 있다.

이것은 주로 인간만이 하고 있는 일이다. 피임기술의 혁명적인 진보로, 성행위는 하지만 임신은 하지 않는다는 것이다. 이것이 생식 없는 성이다. 오늘날의 여성은 낳고 싶을 때는 낳고, 낳고 싶지 않으면 낳지 않는다는, 생식을 조절하는 기술을 손에 넣고 있는 것이라고 말할 수 있다.

라이프 사이클의 변화와 성

인간 이외의 생물에게 성은 바로 생식 자체이며, 생식이 끝나면 생명도 끝나는 것이 일반적이다. 그런 가운데는 생식이 끝나는 동시에, 수컷이 암컷의 영양원으로서 잡아먹히는 것도 있다. 따라서 이런 생물에게 성은 생식인 동시에 생명이기도 한 셈이다.

일찍이 다산다사(多產多死)를 계속하고 있었던 시대에는 인간도 성과 생식이 거의 같았다.

인간과 인간 이외의 동물의 성과 생식, 즉 생식 기간과 수명의 관계를 나타낸다면 〈그림 10〉과 같다. 이것을 보면 인간 이외의 동물에서는 생식 기간과 수명이 거의 일치하고 있다는 것을 명백하게 알 수 있다.

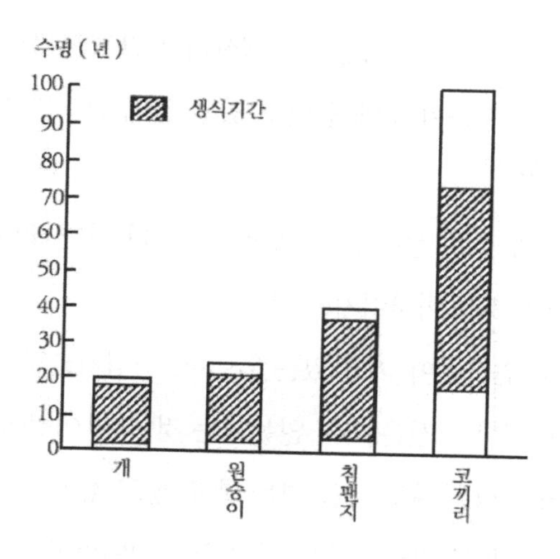

그림 10 | 동물의 수명과 생식 기간

그런데 일본의 후생성(厚生省)이 발표한 1935년경과 1975년 이후 일본 여성의 라이프 사이클을 비교해 보면 〈그림 11〉에 나타낸 것과 같다. 즉, 1935년경의 일본 여성은 평균 15세에 초경(初經), 평균 23.2세에 결혼하여, 평균 25.2세에서 맏이를 출산하고, 그 후 4~5명의 자녀를 낳아 평균 37.2세에 막내를 낳고는 평균 45세에 폐경, 그리고 평균 49.6세로 그 생애를 마치고 있다. 이것이 당시의 일본 여성의 평균 라이프 사이클이었다.

그러던 것이 최근 여성의 라이프 사이클을 살펴보면, 평균 12세에서 초경, 평균 24.9세에 결혼, 평균 26.9세에서 첫아이를 출산, 평균 29.9세에 막내를 출산, 평균 50세에 폐경, 평균 79.9세에 사망하고 있다.

이것은 1980년의 후생성이 발표한 데이터인데, 1985년에는 초경의 평

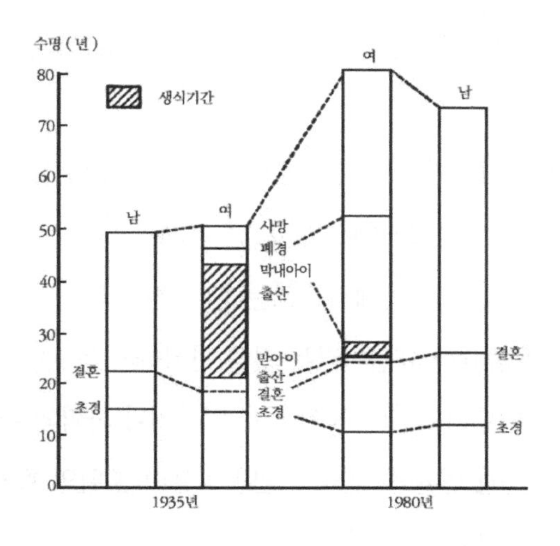

그림 11 | 인간의 성과 생식

균이 11.5세이고, 결혼이 25.6세, 막내의 출산이 28.2세, 폐경이 53세, 그리고 수명은 평균 80.2세로 80세를 넘는 라이프 사이클을 보여주고 있다.

따라서 여성이 생식에 종사하고 있는 기간은 고작 3년으로서, 생애의 20분의 1에도 못 미치는 것이다. 이와 같은 여성의 라이프 사이클 속에서 생각한다면, 성과 생식과는 별개의 것이라고 생각하지 않을 수가 없다.

성과 섹슈얼리티

성이란 단순히 생식이라든가 성행동뿐만 아니라, 인간 그 자체라는 것을 이미 이야기했다. 그럼에도 성이나 섹스라고 하면 오랫동안 고정관념으로 천한 것, 불결한 것, 야한 것, 외설스러운 것으로밖에는 받아들여지지 않았다.

그것은 성이라든가 섹스라는 것이 인간의 건강에 있어서 식사나 수면과 마찬가지로, 심신 양면에서 매우 큰 관계가 있다는 것을 가르쳐 주지 않았기 때문이다. 성은 육체적으로는 물론 정신적으로도, 인간의 건강을 유지하기 위해 중요한 요인이라는 것을 인식하지 못했다.

그 때문에 여태까지 일본에서 성은 의학이나 과학의 대상이 되지 못했고, 사회와 풍속과 법률 속에서의 성만이 흥미 본위의 호기심으로 다루어지는 경향이 강했다.

최근에는 성이나 섹스라고 하는 말을 사용하지 않고, 인간의 성에 관한 일체를 포함하여 섹슈얼리티(sexuality)라는 말을 사용하고 있다. 섹슈얼리티라고 할 경우에는 생식의 성은 물론, 성행동의 성, 성격, 성욕 등 전인격적(全人格的)인 성, 서로 터치하는 성까지도 의미하고 있다. 다른 말로 표현한다면 「여자가 여자이고, 남자가 남자인 조건의 모든 것」이라고나 할 수 있을 것이다.

그러나 마음의 문제, 성동일성(性同一性)의 문제 등, 성이라는 것은 매우 심오한 것으로 생각하면 생각할수록, 세상이 복잡해지면 복잡해질수록 그 전모를 파악하기 어렵고 철학적인 사색이 필요하다.

그 때문에 최근에는 섹슈얼리티를 섹소소피(sexosophy)라고 말하는 학자도 있다.

섹슈얼리티건 섹소소피건 간에 성이란 우리 인간의 마음과 몸에 관계된 일이므로, 인간 없이는 있을 수가 없다. 따라서 성의 정상적인 발달은 물론, 이상적인 전개도 의학 가운데서 검토되어야 할 과제라고 생각되고 있다.

그러나 여태까지 의학에서 다루어진 것은, 주로 성과 생식의 과제뿐이었던 면이 있다. 그 때문에 임신, 출산, 불임, 중절, 피임 등의 연구는 이루어져 왔지만, 성교라든가 정서, 쾌감 등의 정상적인 성의 발달, 정신면·심리면에서의 검토 등이 전혀 없었다고 할 수 있다.

성과 똑같이, 그것 없이는 인간의 생존이란 있을 수 없는 인간의 식(食)생활에 대해서는 영양, 소화, 흡수, 배설 등 모든 면에서의 생리학적 연구가 이루어지고 있다.

또 식욕, 미각 등 정서, 정신 심리면에서의 연구도 과학적으로 연구되고 있다.

본래, 성에 대해서도 마찬가지로 대응하는 것이어야 했을 것이다. 그러기 위해서는 성이라는 것의 개념을 바꾸어, 생식의 성에서부터 정서의 성, 쾌락의 성, 정신위생의 성으로 그 인식을 고쳐나갈 필요가 있다.

성이라는 말을 섹슈얼리티로 고치고, 전인격적인 성으로 그 이미지를 바꾸어 나가려 하는 것도 그 때문이다.

2장

성욕은 어떻게 해서 생기는가?

성욕(性慾)이란 무엇이냐는 질문을 받아도 이것을 과학적으로 알기 쉽게 설명한다는 것은 매우 곤란한 일이다.

모든 생물에는 자기보존과 종족보존이라는 두 가지의 큰 사명이 있다. 이 2대 사명을 달성하기 위해, 자연은 생물에게 식욕과 성욕이라는 본능을 주었다고 말하고 있다.

⚥ 성욕이란 무엇인가?

파악하기 힘든 성욕의 본질

성욕(性慾)이란 무엇이냐는 질문을 받아도 이것을 과학적으로 알기 쉽게 설명한다는 것은 매우 곤란한 일이다.

모든 생물에는 자기보존과 종족보존이라는 두 가지의 큰 사명이 있다. 이 2대 사명을 달성하기 위해, 자연은 생물에게 식욕과 성욕이라는 본능을 주었다고 말하고 있다.

이 중에서 자기보존의 본능이 식욕이고, 성욕은 종족보존의 본능이라고 배워왔다. 식욕도 성욕도 「본능」이라는, 자연으로 주어진 불가항력적인 욕망이며 힘인 것으로서, 과학의 힘으로서도 어찌할 수 없는 것이라고 치부되어 왔다.

그런데 의학과 과학의 급속한 진보에 의해서, 식욕에 대해서는 자세히 연구되고, 어느 정도 인공적인 조작이 가능하게 되었다. 그러나 성욕에 대해서는 갖가지 요인으로 인해 과학적 연구가 완전히 뒤처지고 있는 현상이다.

어느 학자에 따르면, 성욕이란 종족보존에 대한 욕구이며, 이 욕구는 「생식에 대한 충동이다」라고 말하고 있다. 그러나 이것은 성욕의 목적의 일부만 말했을 뿐, 성욕의 본질에 대한 설명이라고 할 수 없다. 인간 남성은 죽을 때까지 생식이 가능하지만, 여성의 경우는 생식능력과 성교능력과는 반드시 일치하지 않는다는 한 가지 점만 봐도 그것이 명백하다.

여성은 배란(排卵)이 있는 기간은 생식이 가능하지만 배란이 없어지면 생식능력이 없어진다. 그러나 배란이 없어진 여성에게도 성욕은 있고 성행동도 이루어지고 있다. 이렇게 되면 성욕이란 「생식에 대한 충동이다」라는 정의는, 인간의 여성에게는 적용되지 않는다는 것이 된다.

성욕과 쾌감, 그리고 사랑

유명한 정신분석 학자 프로이트는 성욕을 가리켜, 「쾌감을 찾는 정신상태이다」라 말하고 있다. 프로이트가 말하는 쾌감에는 매우 단순한 미분화(未分化)의 쾌감에서부터 매우 복잡한 쾌감까지를 포함하고 있다. 이를테면 우리가 오줌이나 똥을 배설할 때 느끼는 쾌감에서부터 성교(性交)의 절정에서 볼 수 있는 오르가슴과 같은 복잡한 것에 이르기까지 모든 쾌감을 포함하는 것으로 하고 있다.

그러나 하등동물의 생식행동이나 교미에 과연 단순하다고 하더라도 쾌감이라는 것이 수반되고 있을까? 이 또한 매우 의심스러운 일이다. 그렇게 되면, 하등동물의 생식행동이 「쾌감을 찾는 정신상태」라고는 말하기 어렵다는 것이 된다.

또 프로이트는 적어도 사랑이라는 말에 포함되는 일체의 행동도, 모든 인간의 성욕 표현이라고 말하고 있다. 이를테면 부자간의 사랑, 동포애, 우애(友愛), 자기애(自己愛) 등을 나타내는 행동은 모두 성욕이라고 하는 정신적 에너지의 발로라고 하는 것이다.

성욕에는 생식을 위한 충동과 쾌감을 위한 충동의 두 면이 있다고 말할 수 있다. 더구나 생물의 발생 과정에 있어서, 인간과 인간 이외의 생물에서는, 성욕도 또 다른 레벨로서 발달해 온 것이 아닐까 생각된다. 그리고 인간의 성욕은 특히 생식을 위한 충동과 쾌감을 위한 충동의 두 면을 갖추고 있다는 것이 특징이 아닐까 생각된다.

기관의 요소와 외적 자극의 결합

이렇게 생각해 보면, 인간의 성행동에는 다른 생물에서는 볼 수 없는 오르가슴이라는 복잡한 현상이 수반되는 것도 이해할 수 있을 것이다. 그런데 최근의 생물학, 생리학의 연구에 따르면, 인간 이외의 동물 중 고등한 동물에게서 인간의 오르가슴과 비슷한 현상이 고찰되고 있다. 이 점에 대해서는 성과 뇌의 기능에 관한 대목에서 다시 언급하기로 하겠다.

결국, 인간의 성욕이라는 것은 어떤 행동에 의해서 「자신의 성적 욕구가 충족되는 것을 기대하는 정신상태」라고 말할 수 있을 것이다.

최근에는 성욕을 가리켜 본능이라는 말을 쓰지 않고 일종의 정신적 에너지, 인간의 성적 추진력, 특히 「성충동(sexual impulse)」이라는 말을 쓰고 있는 학자가 많다.

세계 보건기구(WHO)에서도 최근에는 본능이라는 말을 쓰지 않고 「성충동」이라는 말을 쓰고 있다. 그리고 성충동이란 스턴이 1939년에 제창한 「생식에 관계된 일련의 생리적 욕구 촉진의 결과이다」라는 정의로부터 최근에는 다음과 같은 그로스만의 정의가 타당하다고 말하고 있다.

그로스만은 「성충동」이란 「기관(器官)의 요소(호르몬과 중추신경)」와 「외적 자극의 결합의 총화(總和)이다」라고 정의하고 있다. 또 「성교나 오르가슴을 획득하기 위한 모든 다른 행동과도 연결된 것이다」라고 덧붙이고 있다.

⚥ 성욕은 왜 일어나는가?

성과 호르몬

이미 앞에서 말한 대로 성충동은 호르몬, 중추신경 및 외적 자극의 총화에 의해서 일어난다고 생각하고 있다. 따라서 그것을 아는 것이 성욕과 성충동이 일어나는 메커니즘을 해석하는 열쇠가 된다.

호르몬이란 그리스어로 「불러 일깨우는 것」 또는 「자극하는 것」이라는 뜻이다. 생리학적으로는 비타민, 효소 등과 더불어 미량으로도 매우 강한 생리작용을 가진 화학물질의 총칭이다.

호르몬은 비타민과는 달리, 대부분이 체내의 내분비선(內分泌腺)에서 만들어지고, 직접 혈액 속으로 분비되고 있다. 더구나 호르몬들은 혈액에 의해 특정의 표적기관으로 운반되고 있다.

이 호르몬은 극히 미량으로도 그 표적기관의 기능을 항진시키거나 반대로 억제하거나 하는 것이다. 이처럼 체액을 매개해서 이루어지는 기능의 조정을 「액성상관(液性相關)」이라 부르고 있다.

호르몬에는 다음과 같이 커다란 세 가지 일반적 생리작용이 있다. 그 하나는 발육 및 성장을 조정하는 작용이다. 이를테면 성기, 부성기(副性器), 골격, 근육 등의 발달에 관여하는 작용이다. 또 하등동물에서 볼 수 있는 변태 등도 호르몬의 작용이다. 그것에 관여하는 호르몬에는 하수체(下垂體) 호르몬, 성선, 갑상선 또는 부신피질호르몬 등이 있다.

두 번째의 작용은 자율기능 및 이른바 충동적 행동의 조정이다. 즉 교감신경활동, 성행동, 모성(母性)행동 등의 발현에 관여하는 것이다. 이것에 관여하는 호르몬은 하수체, 성선, 부신피질호르몬 등이다.

마지막의 생리작용은 내부 환경의 유지 조정, 이를테면 전해질(電解質), 영양소 등의 처리와 축적 등에 관한 작용이다. 이것에 관여하는 호르몬으로는 하수체, 상피소체(上皮小體), 췌장, 부신피질 또는 수질(髓質)호르몬 등이 있다.

더구나 호르몬의 체내에서의 생리작용이, 어떻게 하여 어느 특정 조직이나 효소계에 작용하느냐에 대해서는 아직 잘 모르지만, 각각의 장기(臟器)에 호르몬의 리셉터(수용기)라는 것이 있는 것으로 생각되고 있다.

현재 호르몬은 그 화학구조가 명확하지 않은 것도 적지 않지만, 대별하면 스테로이드계 및 폴리펩티드계가 대다수이다. 또 미량으로서 두드러진 생리작용을 보이는 아세틸콜린, 티록신, 에피네프린, 히스타민 등도 일종의 호르몬이라고 생각하는 학자도 있다. 이들 물질을 부(副)호르몬, 국소(局所)호르몬 또는 조직호르몬이라고 제창하고 있다.

따라서 현재 호르몬으로 발견되고 있는 화학물질은 상당한 수에 이르며, 하수체에서만도 7종류의 호르몬이 발견되었다. 지금 그 주된 호르몬의 종류 및 발견 장소를 나타내면, 〈표 1〉과 같다. 또 표적기관(標的器官)과 그 생리작용은 〈표 2〉와 같다.

표 1 | 호르몬의 종류와 그 산생기관

호르몬	산생기관
폴리펩티드	
난포자극호르몬(FSH)	하수체 전엽
황체화호르몬(LH)	상동
황체유지호르몬(LTH)	상동
성장호르몬(GH)	상동
갑상선자극호르몬(TSH)	상동
부신피질자극호르몬(AeTH)	상동
멜라닌자극호르몬(MSH)	상동
바소프레신	하수체 후엽 또는 시상하부
옥시토신	상동
인슐린	란게르한스 섬 β-세포
글루카곤	상동 α-세포
부갑상선 호르몬	부갑상선
안지오텐신	간 혈청
아미노산	
아세틸콜린	자율신경계
티록신	갑상선
3요드티로닌	상동
에피네프린	부신수질
노르에피네프린	상동
스테로이드	
당질 코르티코이드	부신피질
테스토스테론	고환
에스트로겐	난소
프로게스테론	황체
부신성 안드로겐	부신피질
알도스테론	

성호르몬의 기능

이 수많은 호르몬 중 생식, 성징의 발달, 성기능 또는 성충동이나 성행동 등에 관한 호르몬을 성호르몬이라 부르고 있다.

성호르몬을 주로 분비하고 있는 내분비선은 하수체, 성선(난소 및 고환)

표 2 | 호르몬 표적기관과 생리작용

조직(표적기관)	호르몬	생리작용
지방조직	카테콜아민 글루카곤 ACTH TSH LH 인슐린(−) 프로스터글랜딘(−)	지방분해 촉진
부신피질	ACTH	스테로이드 합성 촉진
황체	LH	상동
난소	LH	상동
고환	LH	상동
자궁	카테콜아민	이완
심장	카테콜아민 글루카곤	양성 변력작용
간장	카테콜아민 글루카곤 인슐린(−)	당 신생 촉진 K^+ 방출, 요소 생성
개구리의 피부	α-MSH α-자극제(−) 멜라토닌(−)	멜라노폴 확대
두꺼비의 방광	바소프레신	물, 이온 이동
신장	바소프레신	상동
신장골	상피소체 호르몬	혈청 Ca 증가
이하선	아드레날린	아밀라아제 분비 증가
췌장	글루카곤 α-자극제(−)	인술린 분비 증가
혈소판	프로스터글랜딘 글루카곤 α-자극제(−) 세로토닌(−)	응집 감퇴

(−)는 사이클릭 AMP를 감소시키는 작용

및 부신피질 등이다. 또 이 내분비선으로부터 분비되는 성호르몬의 주된 것은 안드로겐(남성호르몬), 에스트로겐, 프로게스테론(여성호르몬) 및 고나도트로핀(성선자극호르몬) 등이다. 일찍이 일본의 부인과에서의 내분비학(內分泌學)은, 주로 생식 내분비학(生殖內分泌學)으로 발전해 왔다. 그러므로 성호르몬도 주로 생식 현상 가운데서 생각하고 연구하며 전개해 왔다. 그 때문에 월경과 폐경도, 전자는 생식의 시작으로서, 후자는 생식의 종말로서의 내분비학적 위치가 설정되어 있었다.

생식을 완전하게 컨트롤할 수 있게 된 오늘날에는, 생식과는 분리된 내분비학, 특히 생리를 통해서 이루어지는 생물의 성행동, 즉 성의 내분비학이라는 것을 다시 검토하고 연구하지 않으면 안 된다.

시간의 흐름과 더불어 변화하는 인간의 생체는 시간의 함수(函數)로 볼 수가 있다. 이러한 생체 속에서 일생을 통해 분비되는 성호르몬의 동태는 인간의 성행동과 큰 관련이 있는 것으로 생각되기 때문이다.

내분비학에서의 연구 수단은 최근에 장족의 진보를 보이고 있다. 특히 방사성 면역학적 점검법(radio inmmunoassay)을 비롯한 호르몬 측정기술의 개발은, 핏속이나 오줌 속은 물론 장기 속 미량의 샘플조차도, 정성(定性)은 물론 미량정량(微量定量)까지도 가능하게 되었다. 더구나 성호르몬 중에서도 가장 성충동이나 성행동에 관계가 있다고 생각되고 있는 중추성 단백질호르몬의 측정도 가능해지고 있다.

생식에서의 내분비학적 연구는 일본에서도 매우 많은 예가 있다. 그러나 일생을 통한 인간의 성과 관련된 문제에서의 내분비학적 연구는 아직도 시작 단계라고 생각된다.

이를테면, 여태까지 개인차라고 하여 처리되고 있던 인간의 성행동, 성충동의 강도라든가 성능력 등이, 성호르몬의 소장(消長)이나 동태와 관계가 있는 것이 아닐까 하는 것이나, 인간의 성행동의 리듬이 호르몬의 분비 리듬과 어떤 관계에 있느냐는 것 등이 앞으로의 과제일 것이라고 생각된다.

성호르몬의 분비와 나이

인간의 성호르몬은 태아에서부터 이미 분비가 시작되고 있다. 안셀은 1903년에 돼지의 태아 성선이 다량으로 호르몬을 분비하고 있는 것을 발견했다. 그 후 릴리(F. R. Lilli)와 켈러는 1916년에, 고대 로마 시대부터 알려져 있던 프리-마틴(free-martin) 현상을 성호르몬의 작용이라고 설명했다. 이 현상은 소의 이란성(二卵性) 쌍둥이 새끼의 경우, 암수가 한 쌍이라면 암컷은 성장한 뒤에 불임이 된다고 하는 것이다.

이 경우, 이란성 태아의 태반 순환에 큰 문합(吻合)이 생겨서 암수의 태반 사이에 혈액 교류, 따라서 암컷이 남성호르몬의 영향을 받아 그 난소 피막이 백막(白膜)으로 치환되기 때문에 성숙한 후에 배란이 일어나지 않고, 그 때문에 쌍둥이 새끼소의 암컷은 불임이 된다는 것이다.

이러한 태아 자체의 내분비학 메커니즘 말고도, 태반 이외의 모체로부터의 호르몬의 영향도 상당히 큰 것이 있다. 이를테면 임신 중의 모체에

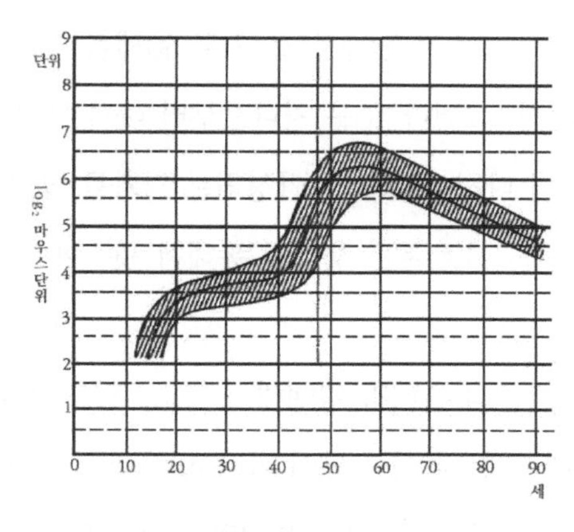

그림 12 | 여성의 일생 동안 소변 중 고나도트로핀(성선자극호르몬)의 분비 추이

대한 성호르몬의 투여가, 태아의 성분화 이상과 관계가 있다는 것이 이미 밝혀져 있다.

게다가 또 태령 3~4개월쯤의 안드로겐 서지가 그 후의 태아의 성을 결정하는 데 영향이 있다는 것은 앞에서 말한 바와 같다.

이처럼 인간은 이미 태생기(胎生期)에서부터 성호르몬의 분비가 시작되고, 성과 큰 관계를 가졌다는 것을 이해했을 것이다. 그러나 성호르몬이 인간의 생애 중에서 가장 많이 분비되는 시기는 뭐니 뭐니 해도 출생 후, 더구나 이른바 사춘기라고 불리는 무렵부터이다. 인간이 태어나서 죽기까지, 바꿔 말하여 인간의 일생에서 하수체로부터의 성호르몬, 즉 성선자극호르몬(고나도트로핀)의 요중(尿中) 농도를 보면 〈그림 12〉와 같다.

인간의 성선자극호르몬(고나도트로핀)은, 남녀 모두 7~8세, 이른바 사춘기에서부터 급격히 분비가 높아지고, 그 후 30세를 지날 무렵부터 일단 혈중농도가 낮아진다. 그러나 40을 지나서부터 다시 분비량이 늘어나고, 80을 지날 무렵부터 다시 감소해서 안정되는 경과를 밟고 있다. 바꿔 말하면, 인간의 성선자극호르몬은 생애를 통해서 핏속에 분비되고 있다는 것이 된다.

이 성선자극호르몬의 분비와 평행해서 난소, 고환 등의 성선과 자궁, 음경 등의 성기 또는 제2차 성징 등이 발달·발육하고 배란, 월경, 정통(精通) 등의 성기능도 성선자극호르몬의 분비와 상관이 있다는 것을 알 수 있다.

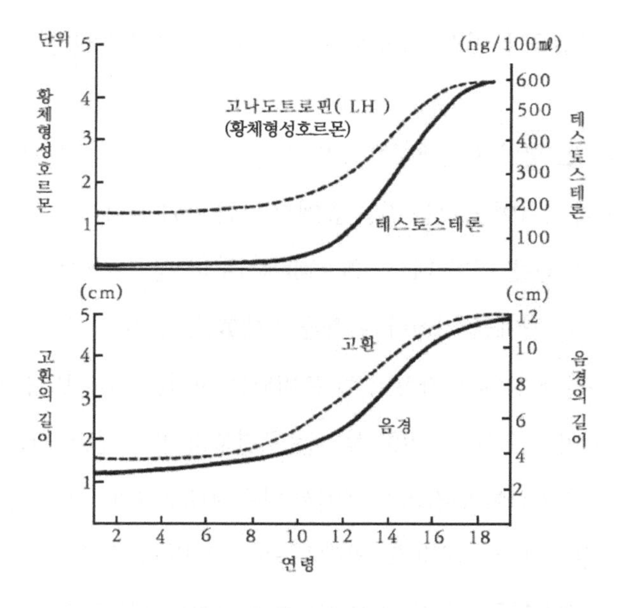

그림 13 | 고나도트로핀, 테스토스테론(남성호르몬)의 분비와 음경, 고환의 발육

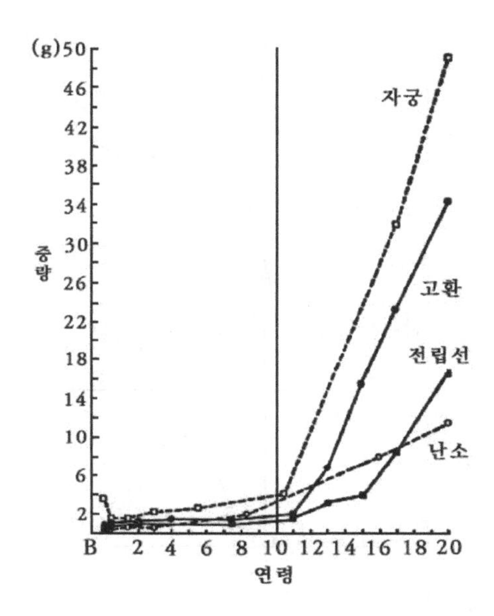

그림 14 | 연령과 자궁·난소·고환·전립선의 발육

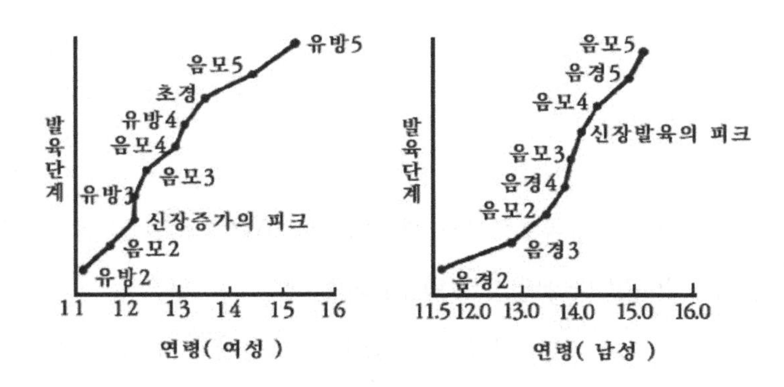

그림 15 | 발육단계와 연령의 관계(Marshall)

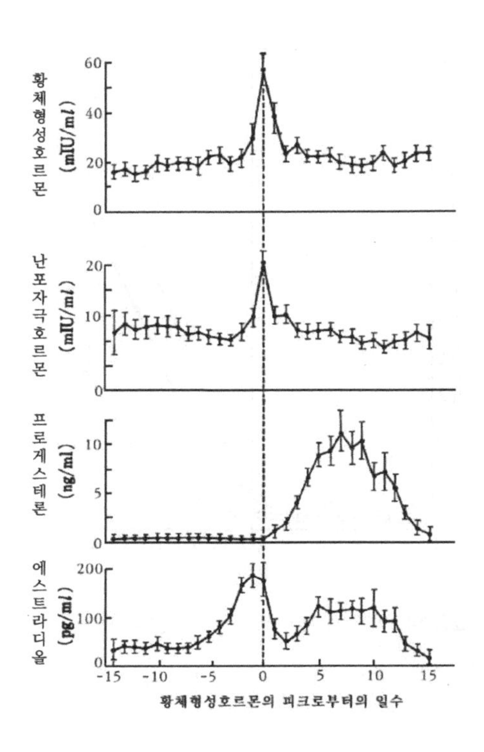

그림 16 | 월경 기간 중의 혈중 고나도트로핀(황체형성호르몬과 난포자극호르몬), 프로게스테론 (황체호르몬), 에스트라디올(난포호르몬)의 농도

이를테면 성선자극호르몬과 테스토스테론(남성호르몬) 및 남성호르몬과 음경의 발육을 나타내면 〈그림 13〉과 같다.

또 자궁, 난소, 고환, 전립선(前立腺) 등의 성선이나 성기의 발육은 〈그림 14〉에 보인 것과 같다. 10세를 지나서 성선자극호르몬이 다량으로 분

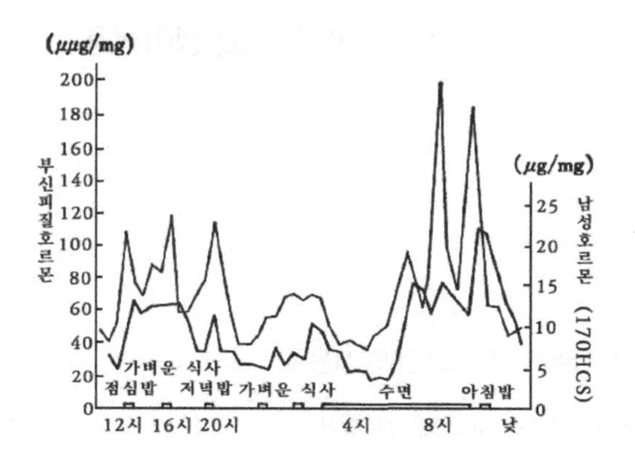

그림 17 | 남성호르몬의 1일 분비량의 추이

비될 무렵부터 급격히 발육하고 있는 것을 알 수 있다.

또 제2차 성징의 발육과 호르몬의 관계는 〈그림 15〉와 같다. 제2차 성징은 10세에서부터 20세까지의 사춘기 사이에 모두 발육을 완성하는 셈이다.

이러한 일생을 통한 성호르몬의 분비 외에, 1개월 단위의 성호르몬 분비 리듬이나, 하루의 호르몬 리듬도 꽤 정확하게 측정되고 있다.

이를테면 여성의 월경 주기 중에 LH·FSH(고나도트로핀), 프로게스테론(황체호르몬), 에스트라디올(난포호르몬)의 혈중농도는 〈그림 16〉과 같다.

또 남성호르몬의 하루의 시간대에서의 증감은 〈그림 17〉과 같다.

♀♂ 성호르몬의 구조와 생리작용

성선자극호르몬(고나도트로핀)의 작용

성선자극호르몬은 하수체 전엽의 β세포로부터 주로 분비된다. 이것에는 난포(卵包)자극호르몬(FSH)과 황체(黃體)형성호르몬(LH) 두 종류가 있다.

이 중에 난포자극호르몬(FSH)은 남성에게서는 고환을 자극하여 정자의 성숙, 정세관(精細管)의 발육을 촉진한다. 여성에게서는 난소를 자극하여 배란에 이르기까지의 난포의 성숙을 촉진한다.

그 결과로 난포호르몬(에스트로겐)의 분비가 증가한다.

또 하나의 성선자극호르몬인 황체형성호르몬(LH)은 남성에게서는 고환의 간세포(間細胞)를 자극하여 남성호르몬(안드로겐)의 분비를 촉진한다. 또 여성에게서는 배란 후의 난포에 작용하여 황체의 형성을 촉진한다. 이 황체로부터는 다량의 황체호르몬이 분비된다. 이 FSH와 LH라고 하는 두 종류의 성선자극호르몬의 구조는 모두 당단백질이다. 이들 호르몬은 다분자량이 매우 많은 단백체로서 합성할 수가 없으며, 오늘날에는 대부분 생체에서부터 추출되고 있다. 이처럼 성선자극호르몬(고나도트로핀)은 하수체 전엽의 β세포로부터 분비되고, 남녀 양성의 성선에 작용하며 남성호르몬, 여성호르몬의 분비를 촉진하는 작용을 하고 있다.

여성호르몬의 구조와 작용

일반적으로 여성호르몬이란, 난소로부터 분비되는 난포호르몬(에스트로겐)과 황체호르몬(프로게스테론), 두 종류의 호르몬을 총칭하고 있다. 따라서 이것을 난소호르몬이라고 부르기도 한다.

여성호르몬의 일종인 난포호르몬(에스트로겐)의 생리작용은 여성기의 발육 촉진, 대사에 대한 작용 및 성욕에 대한 작용까지 세 가지 작용이 있다.

이 중에서 여성기에 대한 작용으로는 성기 및 부성기의 발육을 촉진하고, 여성의 제2차 성징 발현의 주역을 이루고 있다.

대사(代謝)에 대한 작용으로는 남성호르몬과는 달라서 단백 대사에 두드러진 작용을 나타내지 않는다. 그러나 난포호르몬을 투여함으로써 병아리의 체중 증가가 촉진되는 것이 알려져 있다. 이것은 난포호르몬(에스트로겐)의 투여에 의해, 병아리의 부신피질로부터 남성호르몬의 분비가 촉진되고, 이차적으로는 체중을 증가시킨 것이라고 생각되고 있다. 그 밖의 대사작용으로는 혈중 콜레스테링을 감소시킨다. 여성에게 심근경색이 적은 것은 그 때문이 아닐까 하고 추측하고 있다.

난포호르몬(에스트로겐)의 마지막 생리작용은 암컷 동물의 발정(發情) 작용이다. 이것은 난포호르몬이 뇌의 시상하부(視床下部)를 자극하여 성중추를 흥분시키기 때문이라고 생각하고 있다. 난포호르몬은 암컷 동물의 성충동을 촉진하지만, 인간의 성충동 발현에 대해서는 그다지 두드러진 작용을 나타내지 않는다. 또 하나의 여성호르몬인 황체호르몬(프로게스테론)

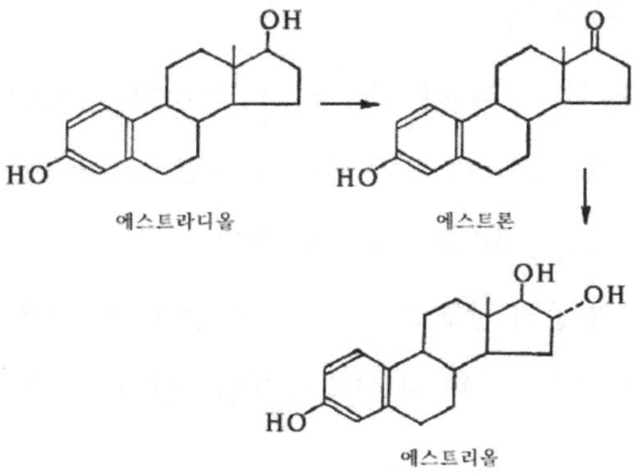

OH

HO

에스트라디올

O

HO

에스트론

OH

OH

HO

에스트리올

그림 18 | 여성호르몬의 화학구조

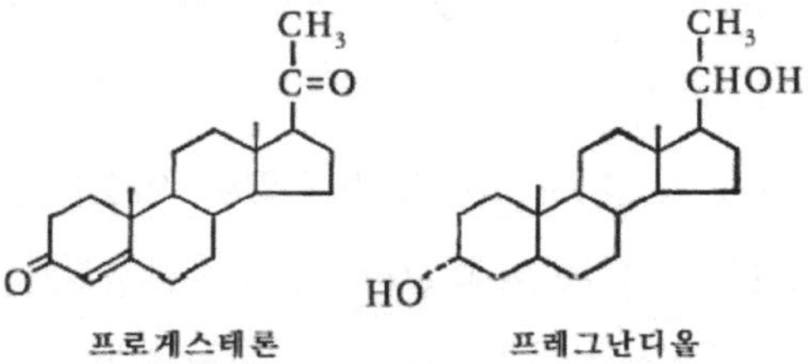

CH_3

C=O

O

프로게스테론

CH_3

CHOH

HO

프레그난디올

그림 19 | 황체호르몬의 구조

은 주로 자궁에 작용하고, 자궁을 임신 준비상태로 하는 작용을 한다. 즉 자궁내막을 증식시켜 수정란(受精卵)이 착상하기 쉬운 상태로 만드는 것이다. 또 이 호르몬은 뇌의 체온조절 중추에도 작용하여, 이른바 기초체온을 상승시키는 작용도 한다.

이 여성호르몬의 구조는 이른바 스테로이드호르몬이라고 불리는 것

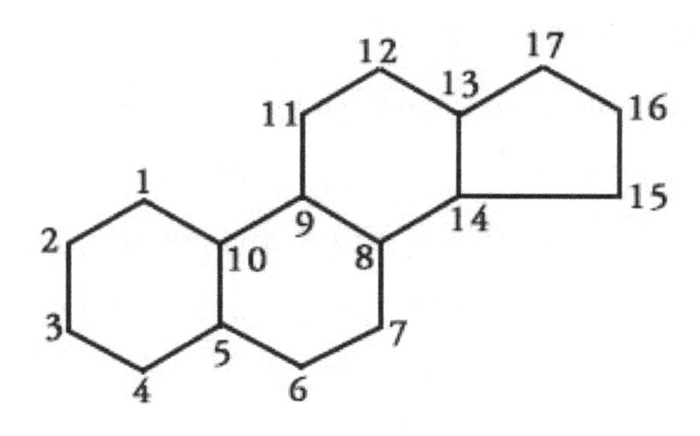

그림 20 | 치클로펜타노펠·히드로페난트렌핵

으로, 구조식 속에 치클로펜타노펠 히드로페난트렌핵을 지니고 있는 것이 특징이다(그림 20).

그중의 난포호르몬(에스트로겐)은 〈그림 18〉에 보인 것과 같이 에스트라디올(estradiol), 에스트론(estrone), 에스트리올(estriol)이라는 세 종류의 총칭으로, 황체호르몬(프로게스테론)도 프로게스테론(progesterone), 프레그난디올(pregnandiol) 두 종류가 알려져 있다(그림 19).

이 성스테로이드호르몬(steroid hormone)은 현재 모두 합성으로 만들어지며, 또 합성한 것이 천연의 것보다 작용이 강하다고 알려져 있다.

남성호르몬의 구조와 생리작용

남성호르몬(안드로겐)의 생리작용은 남성 성기의 발육촉진, 단백질 합성촉진, 성욕항진 및 중추신경작용, 네 가지이다.

남성호르몬은 남성기의 발육을 촉진하고 남성의 제2차 성징을 발현시킨다. 따라서 사춘기 전에 고환을 제거하면 제2차 성징의 발현이 일어나지 않는다. 남성호르몬의 또 하나의 작용은 단백질 합성이다. 단백 대사에 관계하며 골격, 근육의 성장, 발육이 촉진된다. 그 때문에 이 생리작용은 미숙아의 체중 증가에 이용되고 있다.

또 성욕에 대한 작용도 있다. 이것도 여성호르몬과 마찬가지로 동물에서는 두드러진 작용을 보이지만, 인간에서는 고환 결손이나 고환의 기능

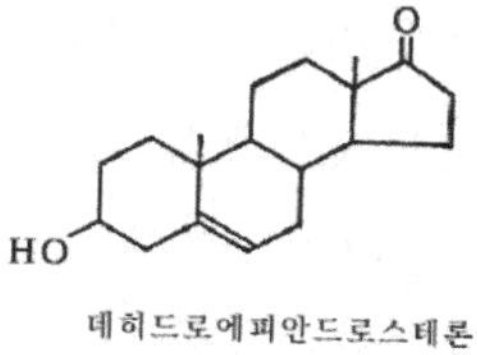

데히드로에피안드로스테론

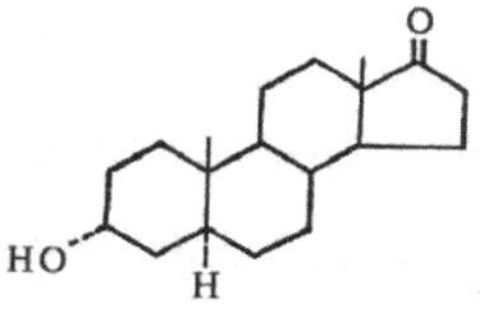

안드로스테론

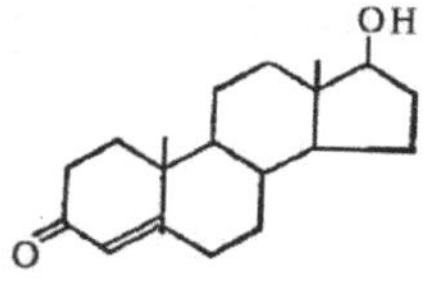

테스토스테론

그림 21 | 남성호르몬의 화학구조

부전 이상자에게는 효과가 있으나, 정상적인 남성에게는 그다지 효과를 나타내지 않는다. 또 인간의 성욕항진에는 일반적으로 남녀 모두 남성호르몬이 효과가 있다고 말하고 있다. 그러나 외부로부터 남성호르몬을 지나치게 투여하면, 다음에 말하는 중추 억제작용이 나타나서 도리어 역효과를 가져오는 것으로 생각된다.

남성호르몬의 마지막 생리작용은 하수체 시상하부 등 중추에 대한 작용이다. 남성호르몬의 분비는 성선자극호르몬 중 황체형성호르몬의 자극에 의해서 분비가 촉진되고 있다. 그러나 어린 동물에게 대량의 남성호르몬을 주게 되면, 성선자극호르몬의 분비가 억제되고, 그 결과 반대로 고환의 발육이 억제된다고 알려져 있다. 남성호르몬도 스테로이드호르몬의 일종이다. 현재는 데히드로에피안드로스테론(dehydroepiandrosterone), 안드로스테론(androsterone) 및 테스토스테론(testosterone)의 세 종류가 알려져 있고, 이 세 종류의 호르몬을 통틀어서 남성호르몬(androgen)이라 일컫고 있다.

사춘기에는 왜 성호르몬이 대량으로 분비되는가?

앞에서 말한 대로, 인간에게는 태아기 때부터 난소, 고환으로부터 미량이기는 하지만 호르몬이 분비되고 있다. 그것이 왜 사춘기가 되면 성호르몬이 대량으로 분비되는 것일까?

성숙한 여성의 성호르몬 분비에 관해서는 〈그림 22〉에 나타낸 것과 같은 「시상하부-하수체-성선계」라고 하는 자동조절 메커니즘이 완성되어 있다. 이 자동적 조절 메커니즘은 여성의 배란, 월경에서 두드러진다. 이것을 피드백 시스템(feedback system)이라 부르고 있다.

이를테면 어느 연령에 달하면, 시상하부로부터 하수체로 신호가 보내진다. 그러면 하수체로부터는 성선자극호르몬(gonadotropin)이 방출되어 성선(난소와 고환) 쪽으로 향한다. 고나도트로핀의 자극을 받은 난소나 고환은 여성호르몬이나 남성호르몬을 왕성하게 혈액 속으로 분비하는 구조로 되어 있다.

그런데 난소와 고환에서 성호르몬이 과잉되게 혈액 속으로 분비되면, 이들 호르몬은 반대로 시상하부에 작용하여 하수체로 향하는 신호를 억제하게 된다. 그렇게 되면 하수체로부터는 고나도트로핀의 분비가 감소

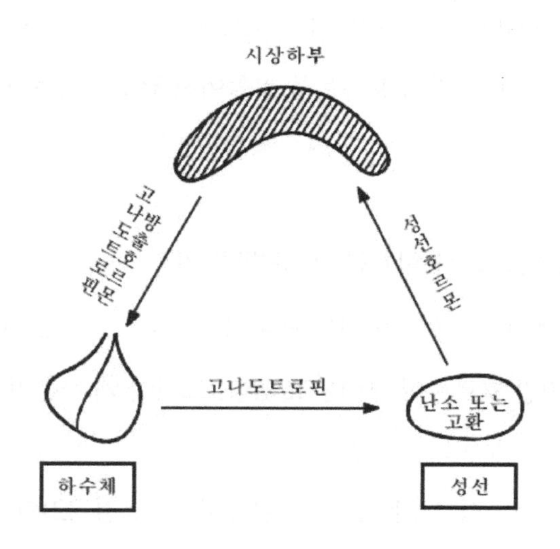

그림 22 | 시상하부-하수체-성선계

하고, 남성호르몬이나 여성호르몬의 분비도 감소하게 되는 것이다.

이러한 성호르몬의 자동조절은 눈에 보이지 않기 때문에 자각할 수는 없다. 다만 여성에게는 월경이라는 현상이 있기 때문에 그 주기의 변화로써 알 수가 있다.

이 피드백 시스템은 모두 뇌 안의 시상하부에 그 중추가 있다. 이 시상하부는 자율신경의 중추가 있는 곳으로, 호르몬의 분비를 조절하고 있는 것은 이 자율신경이라고 할 수 있다.

그렇다면 왜, 어느 일정한 나이에 달했을 때 이 피드백 시스템이 작동하느냐는 문제가 있다. 이것에 대해서는 유감스럽게도 아직은 잘 알지 못하고 있다.

사춘기 전의 시상하부는 성호르몬에 대한 감수성이 낮다. 그로 인해 태아기나 소아기의 성호르몬에서는 시상하부를 자극하기까지에는 이르지 못하기 때문에, 피드백 시스템이 완성되지 않는 것이라고 하는 것이 현재 주장되고 있는 설이다. 따라서 시상하부의 성호르몬에 대한 감수성이 높아지는 시기가 사춘기 때의 나이라고 볼 수 있다.

만약 이 주장이 옳다고 한다면, 사춘기의 발현 연령에 개인차가 있는 것도, 또 시대나 환경에 영향을 받는다는 것도 설명이 되는 셈이다. 시상하부는 그 바깥쪽 대뇌피질의 자극으로 조절되고 있으므로, 사회환경의 변화가 대뇌피질을 통해서 시상하부의 감수성에 영향을 미치리라는 것도 쉽게 이해할 수 있기 때문이다.

일단 피드백 시스템이 완성되면, 하수체로부터 고나도트로핀이 자꾸

분비되고, 그 자극으로 고환, 난소로부터 성선호르몬이 분비되어, 제2차 성징을 비롯한 성기능이 항진되게 된다. 따라서 사춘기의 나이가 되면 대량의 성호르몬이 분비되는 것은, 시상하부에서의 성호르몬의 감수성이 높아졌기 때문이라고 할 수 있다.

결국, 시상하부라고 하는 중추신경이 문제이므로, 다음에는 성과 뇌의 관계를 설명하기로 한다.

⚥ 성에서의 뇌의 역할

성중추는 어디인가?

성과 뇌의 관계, 특히 성충동이나 성행동과 뇌의 관계에 대해서는 최근에 많은 사람의 관심을 모으고 있으며, 그것에 관한 연구 보고도 많다.

생물의 성행동이 뇌의 어디에서 조절되고 있는가는 뇌의 발달이 충분하지 못한 하등동물이나, 유아 또는 소아의 성행동 등과의 비교에 있어서 매우 중요한 점이다. 그러나 수많은 연구 보고가 연달아 나오고 있는데도 불구하고, 뇌의 구조와 기능이 너무 복잡하기 때문에 아직도 분명하지 않은 점이 많다. 인간의 뇌에 관한 연구 자체가 다른 부분의 연구와 비교해서 전체적으로 뒤지고 있는 데다 인간처럼 대뇌가 발달하지 못한 동물에서의 실험 데이터를 그대로 인간에게 적용할 수 없다는 점, 또 인간의 뇌를 생체로 조작할 수 없다는 점 등이, 이 연구를 한층 어렵게 만들고 있다.

최근에는 자동 방사선사진(auto radiography), CT, PET 등의 검사기기 또는 뇌외과학(腦外科學)의 발달로 뇌의 구조와 기능도 조금씩 밝혀지고는 있으나 아직도 명확하지 못한 부분이 더 많은 것이 현재의 상황이다.

시상하부와 성중추

성기능이나 성행동을 지배하는 중추로서, 예로부터 『성중추(性中樞)』라는 개념을 생각하고 있었다. 이 성중추가 어디에 있는가에 대해서는 여러 가지 실험이 이루어지고 있어, 최근에는 그것이 있는 장소도 대충 밝혀지고 있다.

인간의 성중추는 뇌 속의 간뇌(間腦)라고 불리는 부분에 있다는 것을 알았다. 그 간뇌 속에서도 대뇌의 안쪽, 복측부(腹側部)에 있는 시상 및 시상하부라고 일컫는 영역에 있다는 것이 대충 밝혀져 있다.

이 영역은 또 내장의 기능을 조절하거나, 굶주림과 목마름 같은 생리

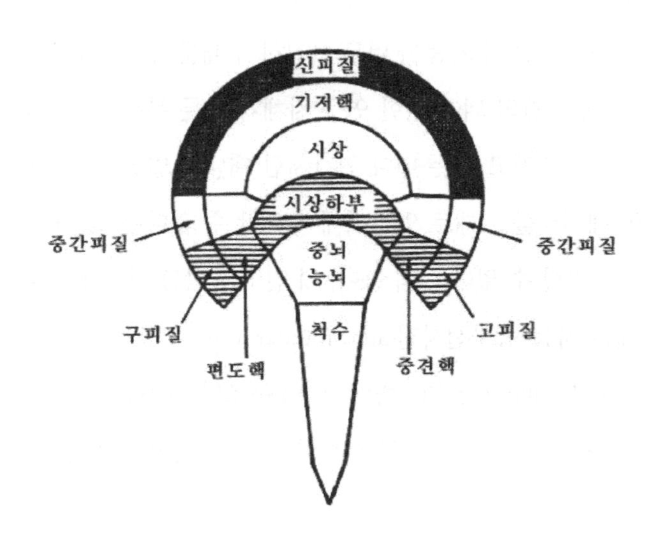

그림 23 | 대뇌변연계의 구성

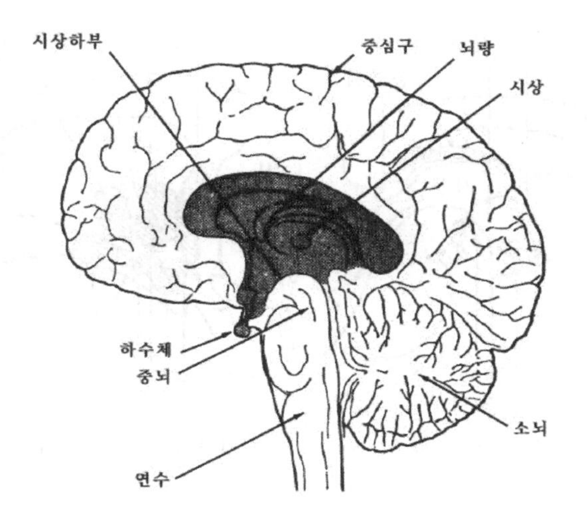

그림 24 | 인간 뇌의 변연엽

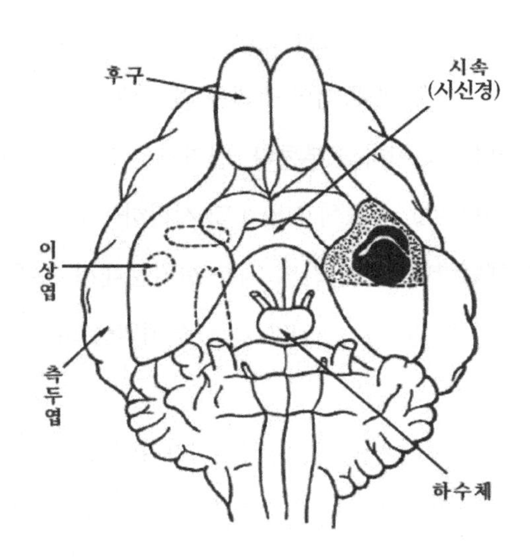

그림 25 | 고양이의 뇌를 아래서부터 본 것. 검은 부분을 파괴하면 성행동이 항진한다

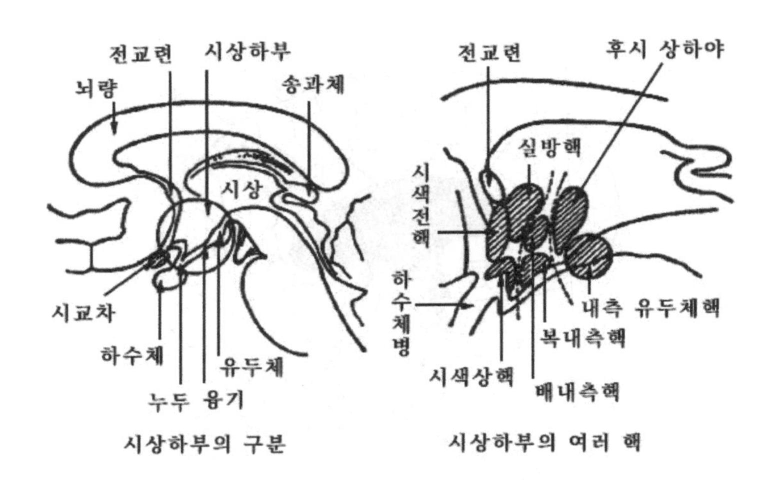

그림 26 | 연속발정, 지속발정 정지. 실방핵, 시색전핵을 파괴하면 연속 발정한다. 복내측핵을 파괴하면 지속 정지한다

작용을 조절하거나, 희로애락 등과 관련한 정동작용(情動作用)의 중추로도 알려져 있다. 이 자율기능과 관계된 영역을 변연계(邊緣系)라 부르고, 그 부분의 뇌를 변연엽(邊緣葉)이라고 부른다. 변연엽은 〈그림 23〉에 나타낸 것과 같으며 편도핵(扁桃核), 중격핵(中隔核) 및 시상하부(視床下部)라고 불리는 부분이 이것에 해당한다. 또 인간의 뇌를 한가운데서 자른 단면에서 보면, 〈그림 24〉 속의 중뇌(中腦), 소뇌(小腦) 등을 제외한 회색 부분이 이것에 해당한다.

이 변연엽에 성중추가 있을 것이라고 생각하게 된 것은, 다음과 같은 실험 결과를 통해서이다. 이를테면 수컷 원숭이의 시상하부 안쪽 부위를 전기로 자극하면 원숭이의 음경이 발기한다.

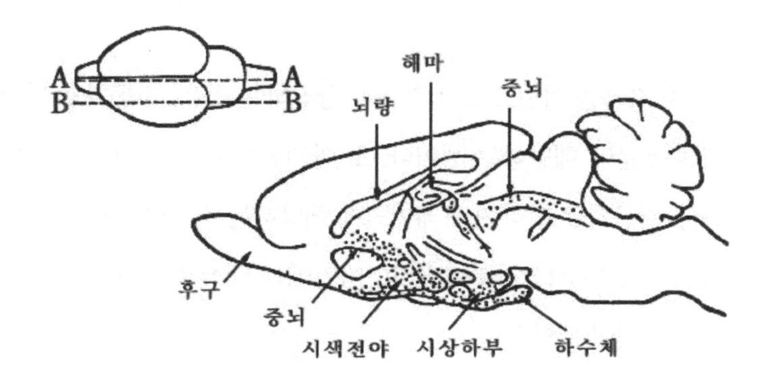

그림 27 | 성호르몬과 뇌(검은 점이 아이소토프)

또 〈그림 25〉는 고양이의 뇌를 아래서부터 본 것인데, 이 그림의 검은 부분을 파괴하면 고양이가 발정해서 성행동이 항진한다는 것을 알고 있다.

또 숫쥐의 시상하부 앞부분을 파괴하면 전혀 교미를 하지 않는다. 그러나 쥐라도 실방핵(室傍核)이라든가 시색전핵(視索前核) 또는 그 주변이 파괴되면 연속해서 발정(發情)을 나타내게 된다(그림 26). 혹은 성호르몬에 동위원소(同位元素)를 표지하여 쥐에게 투여하면, 〈그림 27〉에 나타낸 것과 같이 대부분이 시상하부 및 주변에 집합한다는 것을 알고 있다.

이와 같은 실험을 통해서 생각할 수 있는 것은 원숭이나 고양이, 쥐 등의 성충동과 성행동을 일으키는 중추가 이 근처에 있을 것이라는 점이다. 더구나 어느 부분을 자극하면 성기능이 항진하고, 또 어느 부분을 파괴해도 성기능이 항진한다는 것을 알게 되었다.

이처럼 같은 성중추라도, 장소에 따라서 그 작용이 다르다는 것도 알려지게 되었다.

성중추 중 자극을 가함으로써 기능이 항진하는 곳은, 자동차로 말하면 엔진의 액셀 부분에 해당하는 셈이다. 또 파괴함으로써 도리어 기능이 항진하는 곳은, 자동차로 말하면 브레이크에 해당하는 장소라고 볼 수 있다.

인간의 성중추는 시상하부에 있고, 거기에는 액셀과 브레이크가 서로 인접해 있다는 것이 된다.

대뇌피질과 성

인간의 뇌는 〈그림 28〉에 나타냈듯이, 변연엽 바깥쪽을 희고 큰 부분이 에워싸고 있다. 이 부분의 뇌는 인간이 태어난 후에, 그 대부분이 발육

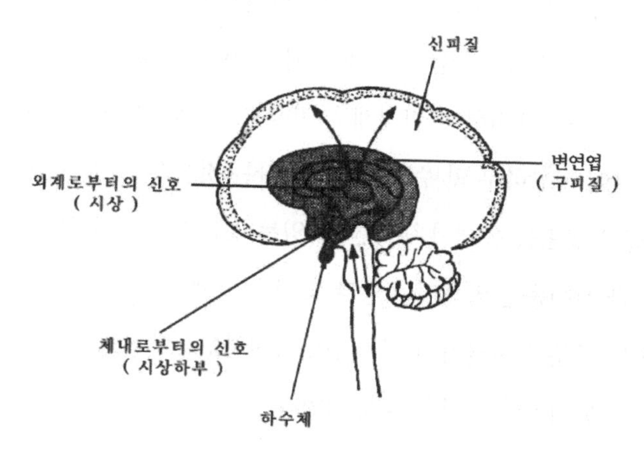

그림 28 | 뇌의 주된 중추를 가리키는 모식도(굵은 화살표는 자극의 전달경로)

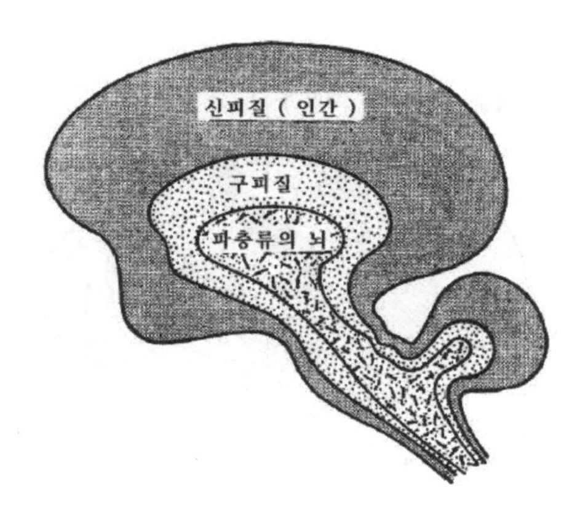

그림 29 | 파충류와 포유류의 뇌의 비교

하는 부분으로서 신피질(新皮質)이라 불리고 있다.

반면 태어날 때까지에 이미 발육해 있는 부분을 구피질(舊皮質)이라고 부른다. 성중추는 이 구피질로 불리는 부분에 있는 것이 된다. 성중추뿐만 아니라 식욕중추라든가 수면중추, 자율신경중추 등 인간이 살아가는 위에서 중요한 중추는 모두 이 구피질 속에 있는 셈이다.

더구나 이 구피질은 대부분의 생물이 태어났을 때는 이미 발육을 완성하고 있기 때문에 성욕, 식욕, 수면 등의 기본적인 생리현상도 출생 때부터 완성되어 있는 셈이다.

신피질과 구피질의 크기는 동물의 종류에 따라서 매우 다르다. 동물이 하등일수록 신피질이 작고, 파충류인 악어 등에서는 몸은 그렇게 큰데도 〈그림 29〉에 나타낸 것처럼 뇌의 대부분이 구피질만으로 되어 있다.

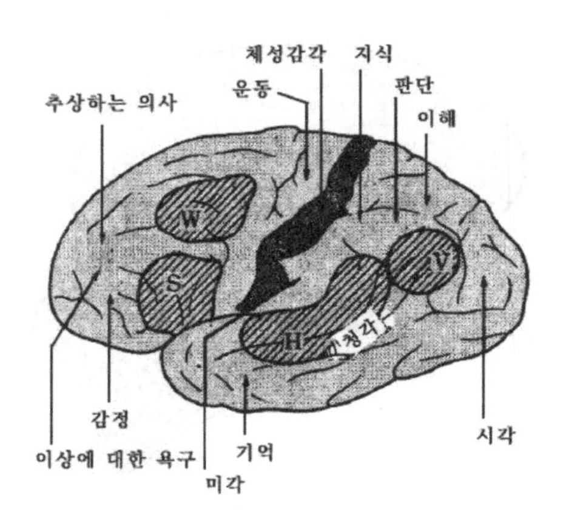

그림 30 | 신피질 기능의 국부적 존재(좌대뇌반구 외측면). 손상에 의해서 감각성 실어증(H), 운동성 실어증(S), 읽기(讀字) 불능증(V), 쓰기(書字) 불능증(W)이 일어나는 곳

그러나 포유류는 신피질이 발달해서 대뇌기저핵(大腦基底核)을 덮게 된다. 또 인간은 신피질이 매우 발달해 구피질을 완전히 덮어씌우게 된다.

이 뇌의 신피질이라고 불리는 부분은 인간의 가장 고등한 정신활동, 이를테면 사고, 발상, 기억, 창조, 의지 등의 중추가 모조리 존재해 있는 곳이다(그림 30).

그리고 이 대뇌피질과 변연엽 사이에서는 생화학적(체액), 내분비적(호르몬) 또는 신경적(신경섬유)인 것에 의해서 서로 연락하고 있다.

따라서 외계로부터 받는 자극, 이를테면 음악(청각), 누드(시각), 향수(후각), 음식물(미각), 접촉(촉각) 등 이른바 오관(五官)의 자극은 모두 대뇌피질을 통해서 체액적, 신경적으로 변연엽에 전달되고, 거기서부터 하수체나

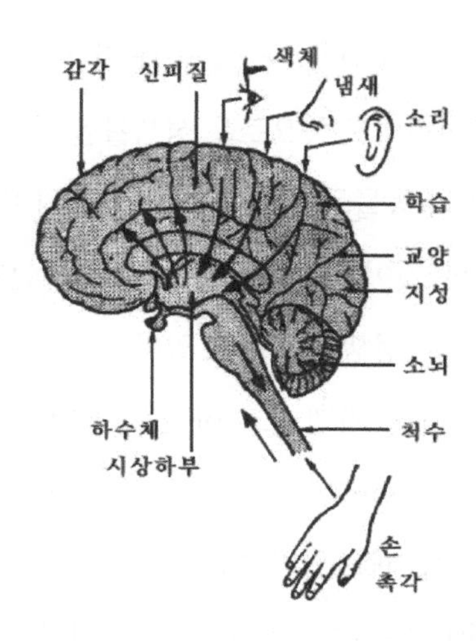

그림 31 | 대뇌피질과 시상하부의 관계

성선으로, 또는 자율신경을 통해서 전신의 내장, 성기 등으로 흥분을 전달하게 된다.

반대로 애무(petting)나 수음(masturbation) 등 말초 성기의 자극 또한 신속하게 척수를 경유해서 구심적으로 변연엽에 전달되고, 다시 대뇌피질로 전달되어 쾌감, 불쾌감으로서 인식되게 된다. 이 관계를 그림으로 나타내면 〈그림 31〉과 같다(굵은 화살표는 자극의 전달경로).

이처럼 인간에서는 대뇌피질과 시상하부 변연계가 서로 컨트롤하고 있는 것이다. 인간의 성이 인간 이외의 동물의 성과 다른 점은 대뇌피질의 컨트롤이 있다는 점이다.

그 때문에 인간에서는 여러 가지 외적, 내적(정신 심리적) 자극을 보다 많이 대뇌피질로 전달할 수가 있다. 그 결과 다른 동물에서는 볼 수 없는 복잡하고 고도한, 그러면서도 풍요로운 성생활을 즐길 수가 있다.

그런데 인간 이외의 동물들은 성행동 중 신체의 위험도 위험이려니와 교미는 생식만을 위한 것이므로 성행동은 지극히 간단한 단시간의 한탕치기이므로 매우 빈곤한 성생활을 하고 있다.

이를테면 인간과 가장 가깝다고 하는 침팬지조차도 페니스의 삽입시간은 불과 수 초(10초 이내, 평균 6~8초이다)이고, 그 사이에 놀랍게도 10~30회의 성교운동을 하고 있다. 참새 등의 조류에 이르러서는 교미는 눈 깜짝할 사이의 재빠른 동작으로, 언제 일을 치렀는지도 모를 정도이다.

이처럼 인간의 대뇌피질은 인간의 성행동을 풍부하게 하는 기능이 있는데, 그와 동시에 성중추를 억제하는 작용도 크다. 이를테면 마이너스의 자극이 대뇌피질에 가해지면 성중추에 영향을 주어 성행동이 이루어지지 않게 된다. 또 교양이라든가 교육 등의 고도한 정신활동도 성중추를 억제하는 경우가 있다.

일반적으로 말해서, 대뇌피질의 성에서의 역할은 어느 편인가 하면 억제적으로 작용하는 일이 많다. 따라서 변연엽 속에 있는 브레이크를 사이드 브레이크라고 한다면, 대뇌피질의 브레이크는 엔진 브레이크라고 할 수 있을 것이다.

이 엔진 브레이크를 가진 것은 인간뿐이고 하등동물에는 없다. 이것이 성과 관련한 인간의 뇌의 큰 역할이다.

그러나 인간도 대뇌피질이 아직 충분하게 발달하지 못한 아이들이나,

대뇌피질이 노화하거나 마비된 노인 등에서는 이 엔진 브레이크가 듣지 않게 되어 여러 가지 성의 일탈 행동을 일으키게 된다.

건강한 어른들이 절도 있는 성행동을 하는 것은 모두 이 엔진 브레이크가 잘 듣고 있기 때문이다.

자율신경의 역할

인간의 성중추가 있는 변연부를 둘러싸는 간뇌에는 또 하나 중요한 자율신경 중추가 있다.

자율신경은 교감신경과 부교감신경, 신경섬유가 두 종류로 나뉘어져 어느 쪽도 다 중추로부터의 정보를 전달하는 구실을 하고 있다.

이 두 개의 자율신경은 주로 내장으로 정보를 전달하고, 반대로 내장으로부터 중추로 정보를 보내주고 있다. 심장이나 허파나 장, 혈관 등의 기능은 자신의 의지로서는 어쩔 수도 없으며 모두 무의식, 반사적으로 작용하고 있다. 교감신경과 부교감신경의 수비 범위를 나타내면 〈그림 32〉와 같다.

그래서 이 자율신경을 가리켜, 불수의신경(不隨意神經)이나 식물신경(植物神經)이라고 부르고 있다. 이것에 대해 손발을 움직이거나 눈알을 움직이거나 하는 근육에 분포해 있는 신경을 운동신경(運動神經) 또는 동물신경(動物神經)이라 부르고 있다.

따라서 인간의 신체는 모두 운동신경(동물신경)과 자율신경(식물신경)의

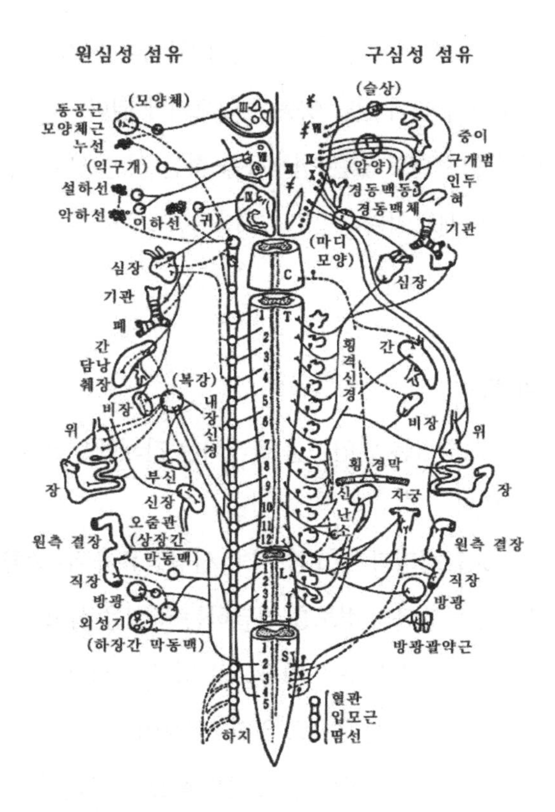

그림 32 | 말초 자율신경의 장기 지배, 그리스 숫자는 뇌신경을 가리킴(Mazima)

두 계통의 신경에 의해서 지배되고 있는 것이다.

그중에서 내장이나 내분비선 등 인간의 생명에 있어서 중요한 장기는 모두 자율신경의 지배하에 있는 것이 된다. 이것에 반해서 생명에 직접적인 관계가 없는 손발의 운동 등, 주로 신체의 외부에 있는 것의 운동은 모두 운동신경의 지배하에 있게 된다.

또 교감신경 자극에 반응하는 기관에는 흥분을 일으키는 것과 반대로 억제를 일으키는 것, 또 조건에 따라서는 흥분도 억제도 다 일으키는 것이 있다. 즉 매우 복잡한 것이 이 자율신경의 작용이다. 그래서 현재는 각 기관 속에 흥분을 매개하는 α수용체와 억제를 매개하는 β수용체라는 것이 있고, 그 수용체의 작용에 의해서 같은 약이라도 어느 경우에는 흥분하고, 어느 경우에는 억제되는 것이라 하고 있다. 그러나 현재로서는 이 α, β수용체에 대한 자세한 것은 아무것도 모르고 있으며, 그 정체는 특수한 입체구조를 가진 단백질일 것이라 추정하고 있을 뿐이다.

이 자율신경의 특징은 희로애락과 영양 생활에까지 광범하게 관계되며, 극단적으로 말하면 인간의 의지로서는 어찌할 수도 없는 불수의운동(不隨意運動)을 하는 모든 기관을 지배하고 있는 신경이라고 말할 수 있다.

이 자율신경은 특수한 약물에 대해서 매우 민감하게 작용하는 특징이 있다. 특수한 약물과 자율신경의 작용관계를 나타내면 〈표 3〉과 같이 된다. 이 표로도 알 수 있듯이, 같은 약물이 어느 때는 흥분하고, 어느 때는 억제적으로 작용하고 있다는 것이 된다. 이 약물 중에는 마리화나(대마)라든가 마약, 수면제와 비슷한 약물이 있다는 사실이 알려져 있다. 자율신경에 작용하는 약은 모두 사람에 따라서는 흥분도 하고, 억제적 효과를 가져온다는 것을 알아 둘 필요가 있다.

이 자율신경이 성에 대해서 수행하는 역할은, 앞에서 말한 대로 희로애락 등의 감정에 의해서 흥분하거나 억제한다는 점이다. 이것이 인간의 성충동과 성행동에 큰 영향을 끼치고 있다.

표 3| 자율신경섬유 말단에 작용하는 약물(Mazima)

<table>
<tr><td rowspan="3"></td><td colspan="2">자율신경절 내 시냅스</td><td colspan="2">절후섬유 효과기 접합부</td></tr>
<tr><td>부교감</td><td>교감</td><td>부교감</td><td>교감</td></tr>
<tr><td colspan="3">콜린성 전달</td><td>아드레날린성 전달</td></tr>
<tr><td rowspan="3">흥분(자극제)</td><td colspan="3">아세틸콜린
항콜린에스테라제제
에제린(피소스티그민)
프로스티그민(네오스티그민)
디소프로필클로로포스페이트(DEP)
니코틴</td><td rowspan="3">아드레날린
노르아드레날린
MAO억제제
에페드린
임페타민</td></tr>
<tr><td colspan="2" rowspan="2"></td><td>무스카린</td></tr>
<tr><td>필로카르핀</td></tr>
<tr><td rowspan="2">억제(차단제)</td><td colspan="3">아세틸콜린
항콜린에스테라제제(고농도)
니코틴(고농동)
헥사메토늄(C_6)
테트라에틸암모늄(TEA)
크라레(고농도)</td><td rowspan="2">에르고독신
에르고타민
디베나민
브레티륨
레제르핀</td></tr>
<tr><td colspan="2"></td><td>아트로핀</td></tr>
</table>

자율신경섬유는 주로 인간의 생명에 있어 불가결한 내장에 분포하여 그것을 지배하고 있다고 말했다. 그 내장의 운동과 감각의 말초 자율신경계의 지배계통을 나타내면 〈그림 32〉와 같다.

이처럼 자율신경은 모든 내장에 분포해 있는데, 외부에 있는 부분에서 그 영향을 받고 있는 것은 음경이다.

음경은 〈그림 33〉에 나타냈듯이, 그 내부는 대부분 음경해면체(陰莖海綿體)라고 하는 혈관이 차지하고 있다. 이 혈관의 운동은 자율신경계의 지

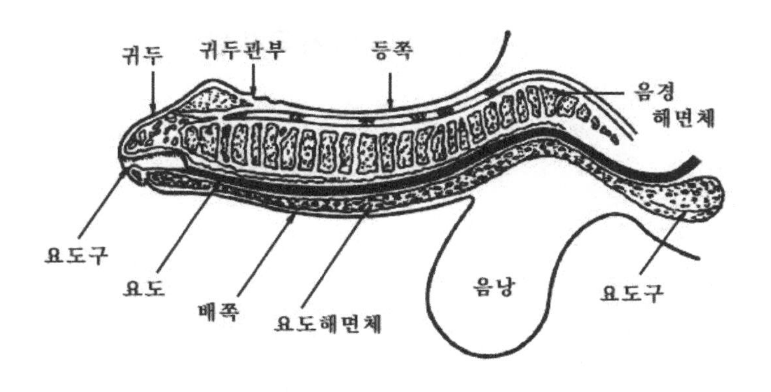

그림 33 | 음경해면체(측면)

배 아래에 있기 때문이다.

이를테면, 음경이 발기하는 것은 근육이나 뼈의 작용에 의한 것이 아니다. 음경 내의 혈관의 집합인 해면체로 혈액이 흘러들어 혈관이 충만해서 딴딴하게 팽창하기 때문이다.

따라서 음경이 발기하거나 수축하는 것은 혈관을 확장하거나 수축시키고 있는 자율신경의 작용에 의한 것이다. 이것은 자신의 의지로서는 어찌할 수 없으며 불수의적으로 일어나게 된다.

음경의 발기뿐만 아니라 성적 자극을 받았을 때 일어나는 반응은 이 혈관확장과 수축에 의한 것이 많다. 이것들에 대해서는 성반응에 관한 설명에서 다시 언급하기로 하겠다.

⚥ 외부로부터의 자극과 성

성과 환경의 영향

성충동을 일으키는 큰 원인의 하나가 외부로부터의 자극이다.

옛날에는 「화류계에서 자란 딸아이는 조숙하다」라는 말을 했었다. 그것은 화류계라는 환경에서 자라면 늘 남녀가 희롱하는 모습을 목격하고 있기 때문에 그 자극이 시각(視覺)을 통해서 대뇌피질로부터 성중추를 흥분시키기 때문일 것이라고 생각되고 있다. 이런 환경에서 자란 여성의 초경 연령이 그 당시의 여성 평균 초경 연령에 비해서 빠르다는 사실도 보고되어 있었다.

또 이와는 전혀 반대의 현상도 볼 수 있다. 이를테면 옛날에는 엄격한 가정에서 자란 여성일수록, 결혼 후의 성생활이 원만하지 않은 경우가 자주 있었다. 더 심한 경우에는 환경의 변화에 따라서 성호르몬의 분비가 바뀌는 일도 있다. 그 극단적인 예가 제2차 세계대전 중에도 볼 수 있었던 전쟁성 무월경(戰爭性無月經)이라는 현상이다.

이 전쟁성 무월경이라는 것은, 제1차 세계대전 때 독일에서 처음 보고된 일이다. 그 당시 독일 여성은 전쟁에 져서 식량도 없이 생활의 불안, 정신적 고통 등 밑바닥 생활을 헤매고 있었다. 그러한 환경의 변화가 시상하부, 하수체에도 영향을 미쳐, 마침내 고나도트로핀의 분비에도 영향을 끼쳤다. 그 결과로 무월경이 되었다는 것이다. 제2차 세계대전에서도 구사일생으로 귀환한 여성이, 이 전쟁성 무월경이 되었다는 것은 잘 알려진 사실이다.

외계 자극의 영향은 대뇌의 발달이 충분하지 못한 다른 동물의 세계에서도 볼 수 있다. 이를테면 제트기의 소음에 시달리고 있는 공항 주변에서는, 젖소의 젖이 잘 나오지 않는다든가, 닭의 산란이 줄어드는 일이 일어난다. 또 외계의 자극이 성충동이나 성행동에 영향을 끼친다는 동물실험에는 다음과 같은 것이 있다.

동물실험과 세 가지 효과

좁은 우리 속에 30마리 정도의 암쥐를 가두어 두면 이들 쥐는 무발정(無發情) 상태가 된다. 그때 숫쥐의 냄새를 맡게 하면 30마리가 모두 동시에 발정한다. 이것을 쥐의『위튼 효과』라 부르고 있다.

또 일단 교미한 암쥐에게, 교미한 숫쥐와는 다른 숫쥐의 냄새를 맡게 하면 임신 불능이 된다는 사실이 보고되어 있다(부르스 효과).

또한 어리고 젊은 암쥐가 늘 숫쥐의 냄새를 맡으면서 생활하고 있으면, 보통보다 빠르게 발정한다고 한다(반더바크 효과). 보통 암쥐의 발정은 생후 54~55일에서 나타나는데, 숫쥐와 생활하고 있으면 평균 10일이 빨라진다고 한다.

부르스 효과, 위튼 효과 또는 반더바크 효과로도 알 수 있듯이, 대뇌가 발달하지 못한 쥐조차도 외계의 자극은 성충동에 큰 영향을 끼치고 있다. 하물며 대뇌피질이 매우 발달해 있는 인간에서는 이 외계의 자극, 특히 오관을 통한 자극은 성충동의 발현에 큰 영향을 끼치는 것이다.

외계의 자극과 성충동

외계로부터의 자극이 뇌를 통해서, 어떻게 성충동에 영향을 끼치는가를 알기 쉽게 나타내면 〈그림 34〉와 같다.

인간은 누드나 스트립(strip)을 보거나 에로틱한 소설을 읽거나 에로틱한 장면을 상상하는 것만으로도 음경이 발기한다.

이것은 대뇌피질에서의 심리적인 자극이, 성중추를 통해서 요수(腰髓)에 있는 발기중추(勃起中樞)를 원심적으로 자극했기 때문이다. 이러한 원심성(遠心性) 발기를 가리켜 「에로틱 발기」라 부르고 있다.

또 페팅을 하거나 마스터베이션을 해도 인간의 음경은 발기한다. 이것은 직접 피부로부터의 자극이 신경을 매개해서 발기중추를 자극했기 때문이다. 이렇게 해서 일어나는 발기를 가리켜 「반사성 발기(反射性勃起)」라고 부른다.

인간의 경우에는 반사성 발기의 경우에도 외계로부터 대뇌로 자극을 가하는 것이 보다 효과적이다. 이를테면 상대 여성을 공상하거나 누드 사진을 보면서 자위를 하는 것 등이 이것에 해당한다.

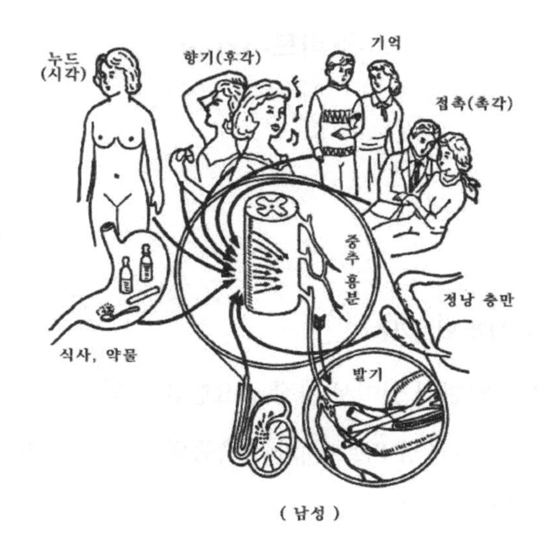

그림 34 | 외계의 자극과 에로틱 발기

그런데 개나 고양이 등은 발정기를 제외하면, 설사 암컷이 수컷의 성기를 보거나 암컷의 성기에 접촉하거나 해도 발기를 일으키지 않는다. 개나 고양이에는 에로틱 발기(심리적 발기)가 일어나지 않는 것이다. 그러나 개나 고양이라도 음경을 마찰하면 발기가 일어난다. 즉 개나 고양이도 반사성 발기는 일어난다. 또 냄새에 의한 자극이라도, 오랫동안 상대를 떼어 놓았던 것과 같은 특수한 상태 아래서는 발정하는 경우가 있다.

이처럼 외계의 자극은 인간뿐만 아니라 동물의 발정에도 큰 영향이 있다는 것을 알고 있다. 이것에 대해서는 성행동에 관한 항목에서 다시 언급하기로 하겠다.

⚦ 파트너와 성

왜 이성을 좋아하게 되는가?

인간의 성충동 발현에 있어서 가장 중요한 요소의 하나는 파트너로부터의 자극이다. 그러나 「성 파트너」와 성충동의 문제는 아직 과학적으로는 충분히 해명되어 있지 않다.

왜 남성은 여성을 좋아하게 되고, 왜 여성은 남성을 좋아하게 되느냐는 기본적인 일도 과학적으로는 잘 알지 못하고 있다. 현재로서는 남성이 여성을 좋아하게 되고, 여성이 남성을 좋아하게 되는 현상도 그 원인은 대뇌에 있는 것으로 생각되고 있다. 그러나 그중에서도 상대에 따라서 좋고 싫음이 생기고, 성적으로도 흥분하거나 흥분하지 않거나 하는 등, 사람에 따라서 달라지는 이유에 대해서는 역시 분명하지 않은 점이 많다.

다만, 남성이 여성을 좋아하지 않고 남성을 좋아하거나 여성이 여성을 좋아하거나 하는 현상, 즉 호모섹스(homosex)나 레즈비언(Lesbian)에 대해서는 좌우의 뇌를 연결하고 있는 신경배선의 이상이 아닌가 하고 있다.

성충동을 유인하는 외계의 자극으로서는, 이미 앞에서 말했듯이 시각, 후각, 촉각 등, 오감에 의한 것이 가장 많다. 그러나 파트너의 경우는 감정적, 정서적 자극이 성충동의 큰 요소가 된다.

남성과 여성의 차이

남성의 경우는 파트너의 용모, 자태 등 시각에 의해서 성충동을 일으키는 경우가 많다. 그러나 여성에서는 시각에 의한 자극은 성적으로는 그다지 중요한 요소가 되지 못한다. 여성의 성충동을 유발하는 것으로는 감정적, 정서적 자극, 「정답고 부드러운」 자극이라는 것이 많은 심리학적 실험에 의해 밝혀졌다.

누드나 스트립을 보고 남성은 성충동이 발현하지만, 여성은 성적으로 그다지 흥분하지 않는 것도 그 때문이다.

여성은 귓전에 속삭이는 다정하고 부드러운 말투 등으로 성적흥분을 일으킨다고 한다. 이처럼 상대방의 자극에 대한 남녀의 차이에 대해서도 아직 충분한 해명이 없다.

다만 최근의 연구에 따르면, 태아(胎芽)의 발달기에 남성호르몬이 과잉했던 여성은 남성과 비슷해 시각적인 자극으로도 성적으로 흥분한다는 것이 알려지게 되었다.

또 페로몬(pheromone)의 연구가 진행됨으로써, 인간이나 동물의 성충동과 성행동에 큰 관계가 있다는 사실을 알게 되었다.

페로몬이라는 것은 어떤 한 개체에 의해서 만들어지고, 다른 개체의 행동에 대해 작용하는 물질을 말한다. 이것에 대해 호르몬은, 모두 체내의 내분비선에서 만들어지고, 같은 개체의 기관이나 장기에 작용한다. 이 페로몬은 하등동물, 특히 곤충 등에서는 그 존재가 일찍부터 알려져 있었다. 이를테면 한 마리의 암컷이 분비하는 페로몬을 써서 수컷 곤충을 모조리 집합시켜 죽여버리는, 곤충의 번식 방지 등의 연구가 이루어지고 있다.

그 페로몬을 벵골원숭이로부터 분리하는 데 성공한 사람이 미셀(Mishell)과 키벨룬이다. 그들은 벵골원숭이의 페로몬이 발정기에는 질(膣) 속에 있고, 그 밖의 시기에는 피부 속에 있다는 것을 구명하여, 그것을 분리하는 데 성공했던 것이다. 거세된 암컷 원숭이의 질벽에, 거세되지 않은 암컷 원숭이의 질의 분비액을 바르자 교미 회수가 10배 가까이나 증가했다고 한다.

그러나 페로몬이 인간의 성충동 발현에 얼마만큼이나 관계가 있는지에 대해서는 현재로는 전혀 모르고 있다.

결국, 인간의 성욕과 성충동의 발현에는 성호르몬, 뇌, 외계의 자극 및 파트너의 존재 등이 복잡하게 얽혀 있다는 것이 된다. 이 중에서 외계의 자극도 파트너의 대뇌를 통해서 작용하는 것이며, 성호르몬도 뇌 속 성중추의 지령에 의해서 분비되고 있는 것이다.

그러므로 성욕에 기인하는 성충동 발현의 메커니즘을 해명하는 열쇠는 궁극적으로는 뇌에 있다고 할 수 있다. 성호르몬의 분비 레벨이 높은 20세에서는 외계의 자극이나 파트너는 그다지 영향이 없다. 그러나 성호르몬의 분비가 감소하는 연대가 되면, 성욕과 성충동의 발현에는 뇌의 작용이 가장 큰 영향을 가졌다고 말할 수 있다.

3장

성반응의 메커니즘

인간에게 성적 자극이 가해지고 흥분하면 성기뿐만 아니라 전신에 일정한 변화가 나타난다. 신체에 일어나는 이 변화를 성반응(sexual response)이라 부르고 있다.

인간의 이 성반응은 남녀에 따라서도 다르고, 개인차도 심하며, 나이에 따라서도 다르다. 또 같은 인간이라도 그때그때의 상황이나 환경에 따라서도 두드러지게 달라지는 경우가 있다.

⚥ 성반응이란 무엇인가?

마스터즈와 존슨의 공적

인간에게 성적 자극이 가해지고 흥분하면 성기뿐만 아니라 전신에 일정한 변화가 나타난다. 신체에 일어나는 이 변화를 성반응(sexual response)이라 부르고 있다.

인간의 이 성반응은 남녀에 따라서도 다르고, 개인차도 심하며, 나이에 따라서도 다르다. 또 같은 인간이라도 그때그때의 상황이나 환경에 따라서도 두드러지게 달라지는 경우가 있다.

인간의 이러한 성반응을 과학적으로 정확하게 관찰하고 기록하여 측정한다는 상상조차 못할 일을 감히 실행했던 사람이 미국의 마스터즈와 존슨 박사 등이다.

마스터즈는 센트루이스에 있는 워싱턴대학 부속 생식생물(生殖生物) 의학연구소에서 1954년부터 인간의 성반응에 대한 연구를 시작했다.

존슨은 미주리대학을 졸업하고 워싱턴대학에서 심리학 박사과정을 마친 뒤 이 생식생물 의학연구소에서 마스터즈 박사의 조수로 연구에 종사했다.

이 두 사람의 협력이 있었기 때문에 다른 동물에게는 없는 대뇌피질에 의한 인간의 성반응, 성행동의 과학적 연구가 실행된 것이다. 이 연구에서는 각종 측정장치를 부착한 1,700명 이상의 남녀에게 실제로 마스터베이션과 성교를 시켜서, 어떤 반응이 나타나는가를 관찰·측정하는, 그때까지 그 누구도 할 수 없었던 실험을 했다. 그리고 그 결과를 1966년『인간의 성반응』이라는 대저로서 발표했다. 이 연구는 디킨슨, 킨제이에 이은 성과학의 20세기 최대의 성과라고 할 수 있다.

이 연구결과가 미국에서 발표됨으로써, 그때까지 베일에 가려 있던 인간의 성반응 메커니즘에 관해 많은 사람들이 알게 되었다. 오늘날 마스터즈 팀의 연구가 시작된 이래 벌써 4분의 1세기가 경과하고 있는데도, 아직도 이것에 추가할 것이 아무것도 없다고 할 만큼 완벽에 가깝게 연구되어 있다.

여기서는 마스터즈와 존슨에 의해 실시된 연구성과의 중요한 부분만을 간단히 설명하기로 한다.

다섯 시기로 나누어 본 성반응 주기

마스터즈는 인간의 성적흥분 시에 볼 수 있는 변화를 다음의 다섯 시기로 나누어서 관찰했다.

즉 흥분기, 평탄기, 오르가슴기 및 소퇴기(消退期)의 네 시기와 성적 자극이 가해지지 않는 정상기를 성적 휴식기(또는 정지기)로 했다. 이 다섯 시기를 인간의 성반응 주기(sexual response cycle: SRC)라 부르고 있다(그림 35).

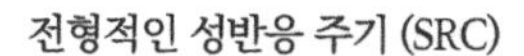

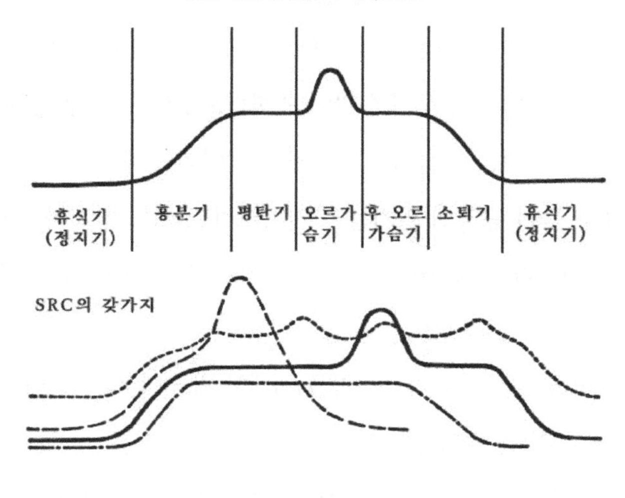

그림 35 | 성반응 주기

이 성반응 주기는 그것의 발현 방법과 강약에 있어서 개인차가 있지만, 인간의 일생을 통해 모든 사람에게서 한결같이 볼 수 있는 것이다.

이를테면, 인간이 생활하고 있는 시간 중 대부분은 성적으로 휴식하고 있는 시기이다. 공부, 놀이, 일, 수다를 떠는 일에 열중해 있을 때는 성적으로는 완전히 휴식하고 있는 셈이다.

이 시기에는 남성의 음경은 연하게 위축되고, 여성의 질도 이완하여 분비물도 비교적 적다.

그러나 심리적, 정신적 또는 육체적인 자극을 받게 되면 혈관이 확장하고 충혈되며, 성기 주변에서는 근육이 긴장하고 그 결과 음경이나 음핵

(陰核)이 발기하고 질이 축축하게 젖는다.

이러한 반응은 이미 말한 바와 같이 자극을 받아서 자율신경이 흥분하여, 그 지배 아래 있는 전신의 혈관이 변화함으로써 일어난 것이다. 따라서 성반응이라는 것은 자신의 의지력으로는 어찌할 수가 없는 신체의 변화이다. 예를 들어 음경의 발기는 발기시키려고 해도 발기하지 않고, 발기해서는 곤란하다고 생각하는 데도 발기하는 것만 봐도 그것을 알 수 있을 것이다.

이러한 성반응은 모두 자율신경을 매개한 자극의 전달에 의한 것이므로 인간의 대뇌가 큰 관계를 가지게 된다.

그런데 뇌에 관한 부분에서도 말했듯이 인간의 뇌의 크기와 형태 그리고 기능에는 개인차 말고도, 남녀의 차이가 있다는 것이 최근 대뇌생리학(大腦生理學)의 연구에 의해서 알려지게 되었다.

이를테면, 좌우의 대뇌신피질을 연결하고 있는 뇌량체(腦梁體)의 크기는, 여성이 남성의 것보다 약 2할이나 크다고 한다.

또 신피질의 기능만 하더라도 남녀 사이에는 두드러진 차이를 볼 수 있다. 예를 들어 남성은 공간 인식 능력에 뛰어나고, 여성은 말하는 능력이 뛰어나다든가 남성은 기하학(幾何學)이나 기계적인 것에 강하고, 여성은 어학에 강하다는 것 등이다.

성반응과 남녀 차

이것들과 마찬가지로 성적 자극에 대한 대뇌신피질의 반응의 세기〔역치(閾値)〕도, 남성과 여성에서는 큰 차이가 있다는 것을 알게 되었다.

이를테면 앞에서 말했듯이, 남성은 시각에 의한 자극에 강하게 반응하고, 누드나 스트립에 대한 역치가 낮다. 여성은 문자나 말에 의한 자극에 강하게 반응하고, 「사랑의 속삭임」 등에 대한 역치가 낮다는 것도 이 대뇌의 성차(性差)에 의한 것이다.

또 여성의 유방이나 엉덩이가 남성에게 강한 성적 자극이 된다는 것은 잘 알려진 일이다. 문화인류학자의 주장에 따르면 인류가 선 자세를 취하게 되었을 때, 여성의 유방은 남성의 눈높이에 맞추어서 복부에서부터 흉부로 이동했다고 한다. 남성의 눈을 자극하기 위한 목적에다 합치시킨 발달이라고 할 수 있다.

이러한 자극에 대한 반응에는 순화현상(馴化現象)도 볼 수 있다. 이를테면, 평소 이성의 나체만 보면서 생활하고 있는 직업의 사람은 누드에 대한 역치가 매우 높아져 있다. 반대로 성적으로 엄격하게 키워진 남녀는, 약간의 자극에도 강한 반응을 나타내며 반응역치가 낮다. 또 신경의 자극전달속도는 일반적으로 나이와 더불어 감소하기 때문에, 나이를 먹으면 전체적으로 성반응이 감쇠하는 것은 당연한 일이다.

⚥ 남성의 성반응

전신에 일어나는 반응

건강한 인간에게서는 심리적이건 육체적이건, 효과적인 성자극을 받으면 전신과 성기에 일정한 변화, 즉 성반응이 나타난다. 이 성반응은 남녀에게 같은 것이 있는가 하면, 남녀에서 차이가 있는 것도 있다는 사실을 앞에서 이야기했다.

일반적으로 말해서 전신에 일어나는 변화는 남녀가 같은 것이 많고, 성기에 일어나는 변화는 남녀에 따라서 다른 것이 있다.

전신 변화의 주된 것은, 신체 표면과 깊숙한 부위에서의 광범한 혈관 충혈과 특유한 근육의 긴장(myotonia)이다.

남성의 유방은 성적인 흥분 시에도 일정한 변화를 나타내지 않는다. 그러나 극히 드물게는 유두의 융기와 종장(腫張)을 볼 수 있다.

피부에는 이른바 성적홍조(性的紅潮: sex flush)가 나타난다. 이것이 잘 나타나는 남성은 느끼기 쉬운 남성으로서 자율신경이 과민한 남성이다. 상복부와 전흉부에서 시작하여 목 부분, 안면, 이마 부분에도 차례로 나타난다. 극히 드물게는 어깨, 팔 또는 넓적다리에도 나타나는 사람이 있다. 더욱 드물게는 여성에게서 볼 수 있는 것과 같은 홍역 모양의 구진(丘

疹: 살갗에 돋는 발진)이 나타나는 사람도 있다. 그러나 남성의 성적홍조는 여성처럼 두드러진 것은 아니다. 마스터즈의 연구에서는 실험한 남성의 약 25%에서 볼 수 있었을 뿐이라고 한다. 성적홍조가 일어나는 메커니즘은 피하표재성(皮下表在性)인 혈관의 충혈·확장이기 때문에, 피부색이 흰 여성 쪽이 아무래도 두드러지게 나타나기 마련이다.

전신의 근긴장(筋緊張)은 흥분기의 말기에서부터 평탄기에 걸쳐서 나타난다. 특유한 규칙적, 경련적, 불수의 수축으로 나타난다. 특히 손과 발가락에서 볼 수 있는 미오토니아는 성교 시의 체위에 따라서도 그 발현방법이 달라지고 있다. 일반적으로 남성 상위일 때는, 남성의 손발의 경련적 수축은 인정되지 않으며, 남성이 앙와위(仰臥位)를 취하면 자주 볼 수 있다고 한다.

내장도 변화한다

성반응은 체표면뿐만 아니라, 자율신경의 지배 아래 있는 내장에도 일정한 변화가 나타난다. 성적 자극이 가해지면 소화관이 긴장한다.

바깥에서 볼 수 있는 두드러진 변화로는 항문괄약근(肛門括約筋)이 수축한다. 항문괄약근의 수축은 흥분기에서나 평탄기에서 모두 불규칙한 형태로 나타난다. 또 사정 때는 뒤에서 설명할 음경과 마찬가지로 0.8초의 간격으로 2~3회의 사출 시 수축이 일어난다고 한다. 성적흥분이 진행됨에 따라서 심장의 박동이 증가하고, 평탄기에서의 심박수는 100~175가 되며,

오르가슴기에는 단시간이기는 하지만 180 이상에 달하는 일도 있다. 또 그것에 따라서 혈압도 상승한다. 수축기의 혈압에서는 평상시의 40~100밀리 수은주, 확장기의 혈압에서는 20~50밀리 수은주의 상승이 있다.

외분비선의 변환도 두드러지며, 성교 중에서부터 성교 후에 걸쳐서 명백한 발한반응(發汗反應)이 일어난다. 이것은 육체적 피로와는 무관하게 자율신경이 긴장한 결과이다. 대개는 발바닥이나 손바닥에 나타나지만 구간(軀幹), 목 부분, 안면에 나타나는 경우도 있다. 비만 체형의 남성에게 많고, 심한 사람은 배꼽 구멍에 땀이 고이는 사람도 있다. 또 발한과 동시에 타액선(唾液腺)의 기능도 항진하여 오르가슴 순간에 침이 흘러나오는 수도 있다.

성기는 어떻게 변화하는가?

성적 자극이 가해지면 가장 변화하는 것은 물론 음경이다. 효과적인 성적 자극이 가해지면 맨 먼저 일어나는 반응이 음경의 발기다. 음경의 발기는 자극이 가해지고 나서 10~30초 사이에 일어난다. 발기란 성기의 신경 말단과 팽창체 사이에 일어나는 생체현상을 말하며, 남성에서는 음경에서만 일어나지만, 여성에서는 음핵, 소음순(小陰脣), 대음순 그 밖의 외음(外陰) 전체에 걸쳐서 광범하게 인정된다.

발기로 인해 일어나는 가장 큰 변화는 음경의 용적 변화와 경도(단단하기)의 변화다. 음경의 형태, 크기, 즉 길이나 굵기 등은 개인차가 매우 크다. 또 같은 사람이라도 여러 가지 조건, 이를테면 실온, 계절, 정신상태 등에 따라서 늘 변화하고 있다.

그 이유는 음경에는 측정 기준이 될 골격과 같은 것이 없고, 그것을 구성하고 있는 해면체는 혈액량에 따라서 용량이 바뀌기 때문이다. 그러므로 이완 시의 음경의 크기는 보고자에 따라서 구구하다. 그러나 발기 시의 크기는 대충 일정하며 큰 차이가 없다. 여태까지의 보고에 따르면, 팽창률에서는 동양인 3.3, 서양인 3.4로 별로 큰 차이가 없다. 또 성교만 할 뿐이라면, 발기 시의 음경이 5cm 이상이면 아무런 부자유가 없다.

음경이 발기하는 것은 시각, 청각, 후각 등의 이미지가 대뇌피질을 자극하여, 시상하부에 있는 성중추를 흥분시켜 그 자극이 척수를 전해서 요수 속에 있는 발기중추를 흥분시키는 경로를 밟는다는 것은 앞에서 이야기했다.

발기 시에는 음경해면체 속에 혈액이 흘러들고, 흥분이 지속되고 있는 동안은 유출이 일어나지 않기 때문에, 전체로서 크게 팽창하여 터질 듯한 혈액의 충만으로써 그 경도를 더하는 것이다.

발기의 메커니즘

발기 시 해면체 안으로의 혈액 유입, 유출의 메커니즘은 아직도 모르는 점이 많지만, 오늘날에는 다음과 같이 이해되고 있다.

음경해면체로 드나들고 있는 동맥과 정맥에는 〈그림 36〉에 나타냈듯이, 동정맥 문합부(動靜脈吻合部: AV shunt)가 있다. 이 문합부의 혈관벽에는

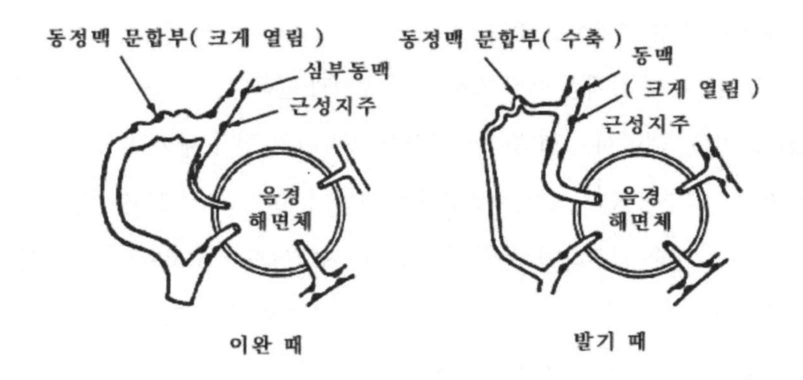

그림 36 | 발기의 메커니즘(굿 윈)

특별히 작용하는 근성지주(筋性支柱: 검은 점 모양의 부위)가 있어, 이것이 자율신경의 작용에 의해서 수축하거나 확장하여, 마치 수문이 여닫듯이 하는 작용을 하기 때문이라고 한다.

〈그림 36〉의 왼쪽은 음경이 이완된 상태이며 동정맥 문합부가 열려 있으므로, 해면체 내로 흘러든 동맥혈은 해면체를 나와 쉽사리 정맥 안으로 흘러간다.

〈그림 36〉의 오른쪽은 발기한 상태이며, 이때는 근성지주가 수축되어 있으므로 동정맥 문합부가 닫혀 있다. 그 결과 동맥혈은 일방적으로 해면체로 들어가기만 할 뿐, 해면체 내의 혈액이 정맥 안으로는 흘러나가지 못한다. 그 때문에 해면체는 터져 나가듯이 혈액이 충만한 채 발기하여 경도와 크기를 더하게 되는 것이다.

그런데 음경해면체는 앞의 〈그림 33〉에서 보았듯이, 대부분은 음경체부(體部)와 근부(根部)에 있고, 음경귀두(龜頭)에는 적기 때문에, 발기해 있을 때라도 음경귀두만은 딱딱해지지 않는 것이 특징이다.

음경의 발기에는 중추성 흥분으로 일어나는 에로틱 발기와 방광의 충만이나 수면 중에 일어나는 반사성 발기가 있다는 것은 이미 설명한 그대로다. 이 반사성 발기는, 저위뇌간(低位腦幹) 이하의 발기중추가 건전하다는 것을 가리키는 하나의 지표로서 중요한 현상이라고 주장하는 학자도 있다.

흥분기에 일단 음경이 발기하면, 효과적인 자극이 어떤 형태로서 주어지건 몇 분이라도 발기를 지속한다. 그러나 흥분기 중에 성적이 아닌 자극을 주면 발기가 쉽게 소퇴한다. 이것을 「정신지각성 전환(精神知覺性轉換)」이라고 부르고 있다.

완전히 발기한 음경은, 다음번의 오르가슴기가 가까워지면 혈관의 충혈이 더욱 강해지고, 음경의 지름이 근소하게 증가하며, 특히 귀두관(龜頭冠)에는 한정된 종장(腫張)이 일어난다. 또 그것에 상응해서 음경포피(包皮)의 혈관이 부풀어 오르고 꿈틀거리며, 귀두가 짙은 보라색으로 변색한다. 이것은 정맥성 혈행부전(靜脈性血行不全), 울혈에 의한 것이다.

사정 반응과 근수축

오르가슴기에서 음경의 사정반응(射精反應)은 요도괄약근(尿道括約筋), 구해면체근(球海綿體筋), 좌골해면체근(座骨海綿體筋), 천심회음횡근(淺深會陰

橫筋) 등의 규칙적인 반복 수축에 의해서 일어난다. 이 사정수축은 불수의적으로 요도해면체 전체 길이에 걸치고, 정액을 요도전립선부로부터 요도격막(尿道隔膜)을 거쳐서 요도구로 밀어낸다. 이 근육군의 불수의적 수축에 의해서 발생한 세찬 압력으로 인해 정액이 사출되는 것이다.

또 이 사정수축은 0.8초 간격으로 시작되고, 큰 사출이 3~4회 반복된 후 음경의 수축은 그 반복빈도와 사출력을 급속히 감소해 간다.

사정 후에는 소퇴기(消退期)로 들어간다. 보통 이 소퇴기는 2단계로 나누어져서 일어난다. 제1단계는 완전발기 상태로부터 약 절반쯤으로 축소된다. 제1단계의 축소는 사정 후 단숨에 일어나지만, 그 후의 제2단계에서는 천천히 발기하지 않을 때의 상태로 돌아간다. 이 제2단계의 축소는 사정 후 자극의 길이에 따라서 축소되는 속도가 달라진다. 이를테면 사정 후 금방 음경을 질에서 빼내거나, 금방 걸어 다니거나, 관계없는 이야기를 하거나, 기분전환을 하거나 하면 제2단계는 급속히 일어난다.

이에 반해서 사정 후에도 얼마 동안 음경을 질 속에 머물게 하면 자극이 지속되고 있기 때문에 제2단계의 축소는 완만하게 일어난다.

제1단계의 시기를 「무반응기」라고 하는데 나이를 먹음과 더불어 이 무반응기의 지속시간이 길어진다. 젊었을 때는 제1단계 후 다시 자극을 받으면 금방 다시 발기하지만, 나이를 먹으면 제1단계 후에 자극을 가해도 금방은 발기하지 않는다.

고환은 흥분기에 들어가면 회음(會陰)을 향해서 상승한다. 고환의 상승은 정색(精索)이 단축됨으로써 일어난다. 고환의 상승은 흥분이 진행됨에

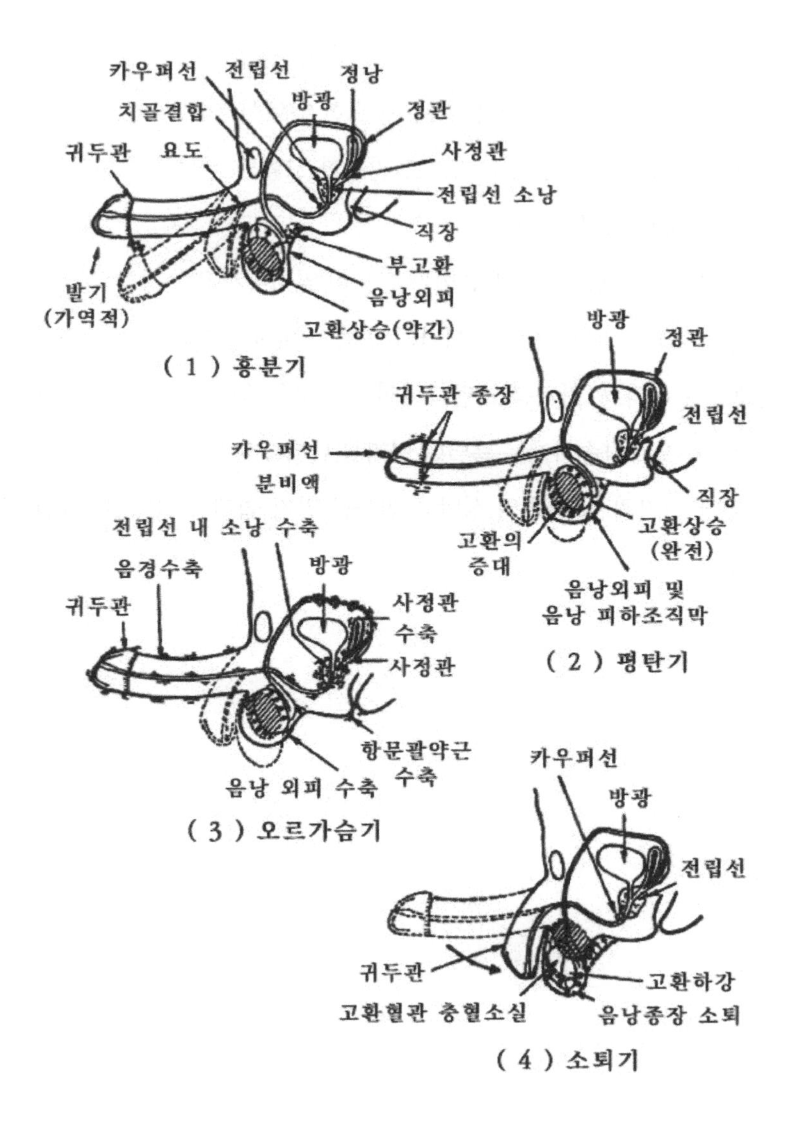

그림 37 | 남성 성기의 각 기에서 볼 수 있는 변화(Masters)

따라서 상승하고, 사정 직전이 되면 회음에 밀착된 위치까지 상승한다. 이 고환의 상승은 사정에서는 매우 중요한 일로서, 이것이 없으면 사정이 일어나기 힘들다고 한다. 그러므로 완전한 고환의 상승은 다가올 사정의 조짐이라고도 할 수 있다.

오르가슴기에는 고환에 특별한 반응이 일어나지 않는다.

음낭(陰囊)도 흥분기에는, 혈관의 충혈과 피하근조직의 수축으로 인해 전체도 수축되고, 안지름도 단축되어 자유로운 운동을 상실한다. 그러나 평탄기와 오르가슴기에는 특별한 변화를 나타내지 않는다.

이 남성기의 각 시기의 성반응 변화를 알기 쉽게 나타내면 〈그림 37〉과 같다.

♀♂ 여성의 성반응

유방은 어떻게 변화하는가?

성적 자극에 의한 여성의 생리적 변화도, 또 전신의 변화와 성기의 변화를 볼 수 있다. 그러나 전신의 변화는 남성의 경우와 거의 같으므로 여기서는 성기의 변화에 대해서만 설명하기로 한다.

성적 자극이 가해지고 흥분기가 되면 〈그림 38〉에서 보듯이 먼저 유두가 발기한다. 유방의 정맥은 충혈하고 유방 전체도 아주 근소하게 팽창

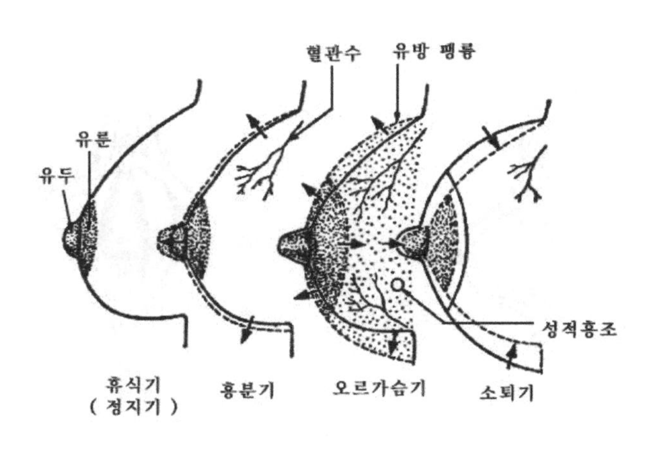

그림 38 | 각 기에서 관찰되는 유방의 변화(Masters)

하여 부풀어 오른다. 흥분이 진행되어 평탄기가 되면 피부의 홍조, 유방의 팽륭(膨隆), 혈관수(血管樹) 등이 나타난다. 또 젖꽃판(乳輪)도 커진다. 그러나 오르가슴기에는 특별한 변화는 일어나지 않는다. 소퇴기가 되면 30분으로 변화는 원상으로 되돌아온다.

대음순, 소음순 · 음핵의 변화

대음순(大陰脣)은 미산부(未産婦)에서는 평탄하게 될 뿐이지만, 경산부(經産部)에서는 〈그림 39〉에서 볼 수 있듯이 급속히 충혈하여 2~3배의 크기가 된다. 또 평탄기에는 부종이 두드러지고 두꺼운 커튼을 매단 것처럼 된다. 그러나 오르가슴기에는 특별한 변화가 없고, 또 소퇴기에서는 5~10초로 급속히 원상으로 되돌아간다.

그림 39 | 대음순, 소음순의 성반응(Masters)

소음순(小陰脣)은 미산부에서는 핑크색으로, 경산부에서는 붉게 착색한다. 평탄기에서는 착색 이외에는 특별한 변화를 나타내지 않는다. 오르가슴기에서는 아랫부분의 3분의 1은 오히려 작게 축소되고, 소퇴기에서는 2~3분이면 원상으로 돌아간다.

음핵(陰核)은 성적 자극의 리셉터(수용체)로 매우 독특한 존재다. 음핵에 자극이 가해지더라도 흥분기에서는 육안으로 볼 때 아무런 변화도 보이지 않는다. 그러나 이것을 콜포스코프(colposcope: 질 확대경)로 확대해 보면, 음핵귀두(陰核龜頭)의 종장(腫張)이 인정된다.

휴식기에는 음핵이 포피로 덮이고, 포피에는 주름이 생겨 있다. 그리

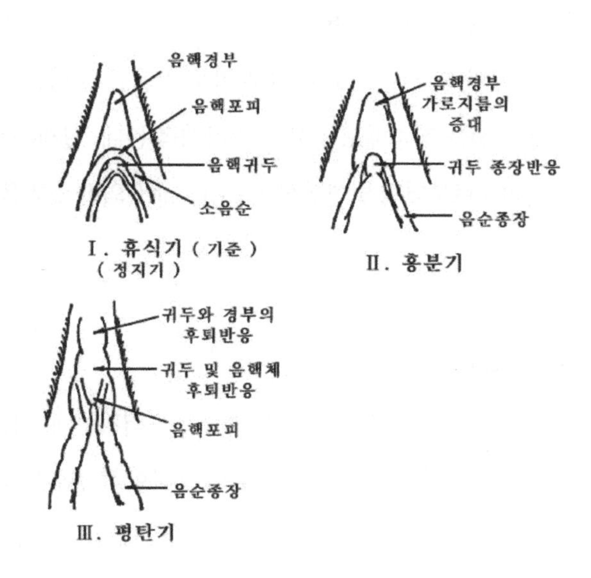

그림 40 | 각 기에서 관찰되는 음핵의 성반응

고 귀두 위의 포피를 자유로이 움직일 수가 있다. 그러나 흥분하면 포피의 이동이 어려워진다.

흥분기에 음핵경부(莖部)는 지름과 길이를 늘이고, 혈관의 충혈이 일어난다. 평탄기가 되면 음핵귀두는 물론 음핵 전체가 후퇴하며, 음핵귀두는 〈그림 40〉과 같이 외부에서는 보이지 않게 된다. 오르가슴기도 마찬가지여서 음핵의 후퇴가 일어난다. 그러나 소퇴기가 되어 자극이 없어지면 정상상태로 되돌아오고 귀두도 드러나게 된다.

바르톨린선(Bartholin腺: 외음질선)은 전에는 음경의 질내 삽입을 원활하게 하기 위한 무코이드(mucoid: 類粘液質)를 분비하는 선(腺)이라고 생각하고 있었다.

성적 자극에 대응하여 바르톨린선도 분비작용을 나타내는데, 흥분기의 말기 및 평탄기가 되어서 비로소 겨우 한두 방울을 분비할 뿐이다.

양쪽 바르톨린선을 적출해도 질은 축축하게 젖는데, 실제는 마스터즈의 발견을 통해 질벽으로부터의 발한현상(lubrication)에 의한 것임을 알았다.

두드러진 질의 변화

여성의 성반응 중에서는 질의 변화가 가장 두드러지는데, 이는 예로부터 연구되어 왔다. 성적자극을 받았을 때의 질의 생물학적 변화는 라호프 이래 아이어, 마스터즈, 헌터(J. Hunter), 코엔 등 많은 학자에 의해 연구되었다.

이를테면 라호프는 여성의 월경 주기 중에 pH(산도)는 월경 직전이나

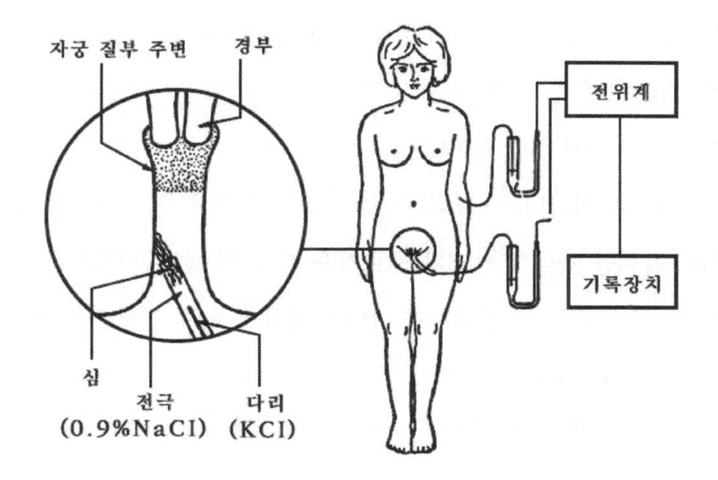

그림 41 | 질 전위 측정장치

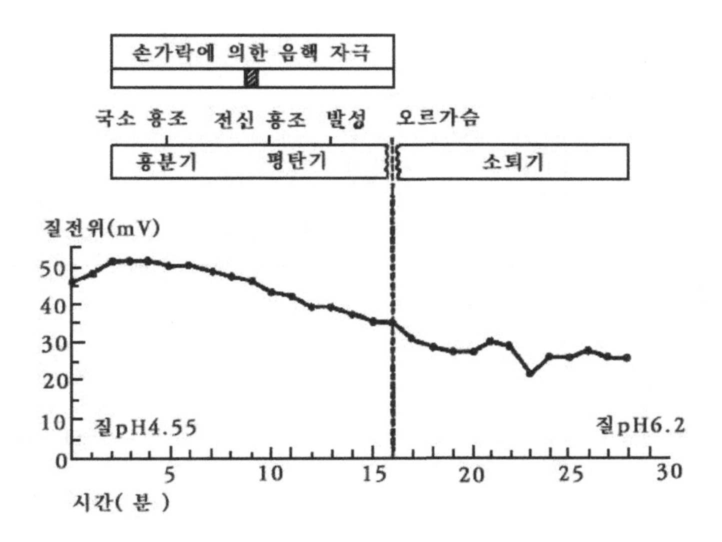

그림 42 | 질벽 전위의 각 기에서의 변동

직후가 최곳값을 가리킨다고 한다. 콘돔을 착용하고 성교를 하면, 성교 후에도 pH값이 증가한다고 한다. 콘돔을 착용하는 이유는 질액에 정액이 섞이는 것을 막기 위한 것이다.

또 레빈과 와그너는 〈그림 41〉에 나타낸 것과 같은 장치를 만들어, 평상시와 음핵을 자극했을 때와 오르가슴 때 등의 질전위(膣電位)를 측정하고 있다. 그 결과는 〈그림 42〉에 나타낸 것과 같으며, 흥분했을 때 상승한 질전위는 오르가슴기로부터 소퇴기로 들어가면 하강한다는 것을 알았다.

레빈은 또 평상시와 오르가슴 때의 질액(膣液) 속의 칼륨, 나트륨, 칼슘 등의 전해질(電解質)의 변화를 측정하고 있다. 그 결과는 〈표 4〉에 나타낸 것과 같다. 모두 질액량은 오르가슴 때는 증가하지만, 요소 그 밖의 전해

표 4 | 평상시 및 흥분 시 질액 속의 K, Na, Cl의 변동(Levin들)

	질액		고형성분
	정상 시	오르가슴 후	
중량(종이흡수) (mg)	107±23(9)	183±36(9)	-
요소 (mg %)	49±8(5)	31±5(5)	25±2(5)
K^+(mmol/L)	23±2(12)	-	3.5±0.1(16)
Na^+(mmol/L)	61±7(11)	-	132±0.6(14)
Cl'^-(mmol/L)	62±5(12)	-	102±0.7(15)

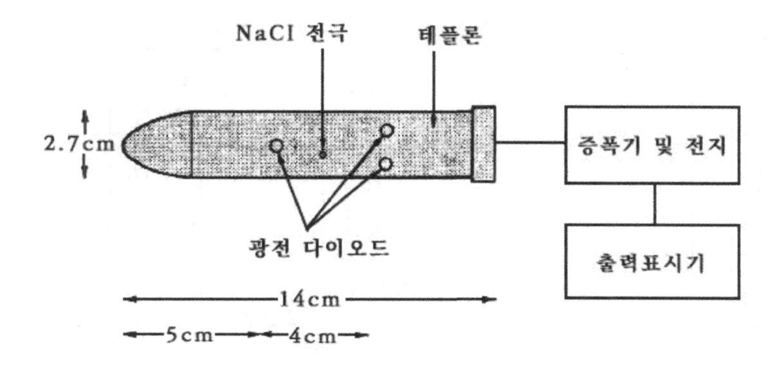

그림 43 | 광전 혈량계(Palti들)

질에 대해서는 감소하거나 측정이 불가능했다.

팔티와 베르코비치는 〈그림 43〉에 나타낸 것과 같은 장치를 만들어 질벽의 유혈량을 측정했다. 그 결과 성적흥분 시에는 유혈량이 증가하고 있다는 것이 증명되었다.

또 에반스(O. Evanse)는 질벽 혈관으로부터 질벽맥관혈압(膣壁脈管血壓)을 측정했다. 그 결과는 〈그림 44〉에 나타낸 대로고, 흥분했을 때와 오르가슴 때는 진폭과 혈압변동의 주기적인 변화를 보이고 있다.

그러나 질 변화의 연구에서 뭐니 뭐니 해도 큰 성과를 거둔 것은 마스터즈의 해부생리학(解剖生理學)적 접근이다. 마스터즈가 연구한 질의 변화의 결과를 한마디로 요약하면, 질강(膣腔) 전체의 확대와 질강의 신전(伸展)이다. 그것은 미산부와 경산부에서는 그 정도가 다르기는 하지만, 〈그림 45〉에 보인 것과 같은 확대와 신장이 일어난다는 것을 발견했다. 특히 질

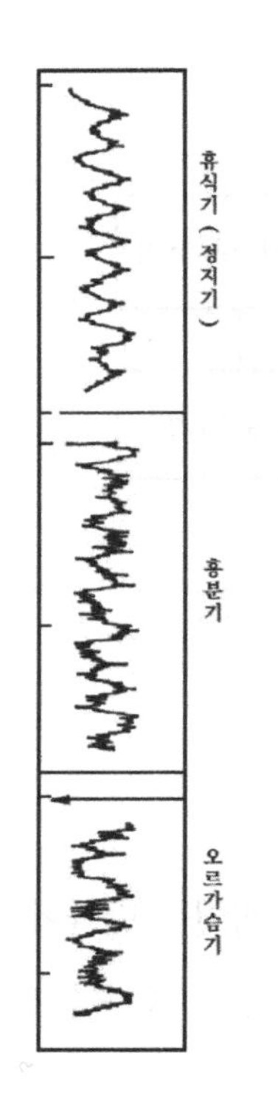

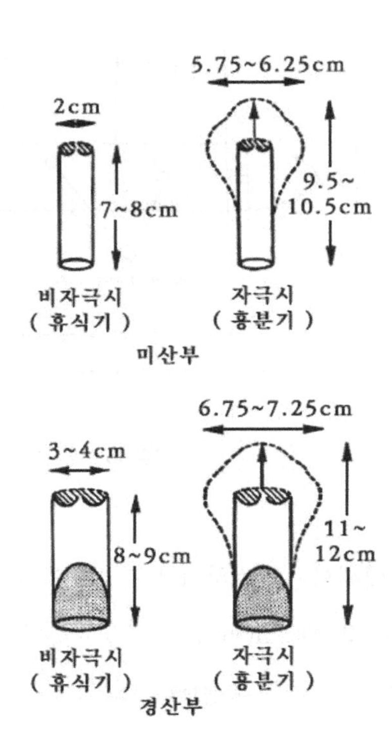

그림 44 | 질벽맥관혈압의 변동(Palti)

그림 45 | 성반응 중 질의 확대

의 위쪽 3분의 2에 한정해서 일어나는 확대가 두드러지며, 마스터즈는 이것을 「천막(tent) 형성」이라고 불렀다.

또 질강으로부터 정액이 흘러나가는 것을 막기 위해, 「정액풀」이라는 것도 형성된다.

흥분기로 들어가면, 질벽 전체를 통해서 혈관으로부터의 걸러져 나온 물(濾出液)이, 마치 땀방울이 뚝뚝 떨어지듯이(발한현상이라고 한다) 걸러져

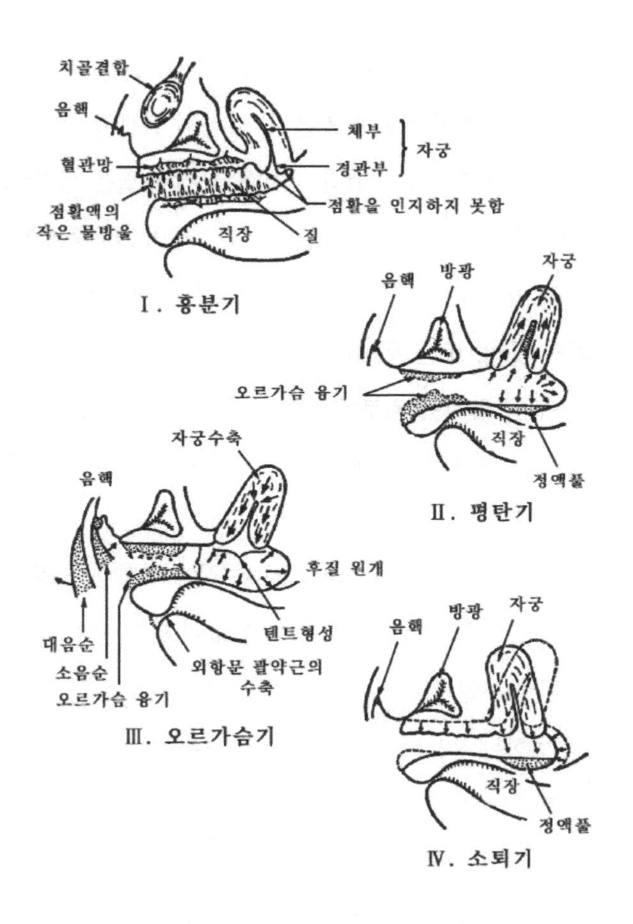

그림 46 | 각 기에 있어서 여성 성기의 반응(Masters)

나오는 두드러진 변화를 발견했다. 이것을 루브리케이션(lubrication: 粘滑 또는 潤滑)이라 부르고 있다.

또 흥분기가 지나서 평탄기로 접어들면, 질벽이 어두운 자줏빛으로 되고, 질 밑 3분의 1쯤에 이른바 오르가슴대(帶) 또는 오르가슴 융기(orgasmic platform)가 형성된다. 이것은 이 부분의 혈관이 두드러지게 충혈했기 때문에 질벽이 긴장해서 생긴 것이다. 요컨대 질은 성적으로 흥분하면 질강의 확대를 일으키고, 최고 때는 질 위 3분의 2가 풍선이 부푼 것과 같은 공동(空洞)이 된다. 또 그것과는 반대로 질 밑 3분의 1은 융기해서 돈주머니를 죄인 듯이, 또는 두꺼운 고무테가 만들어진 것처럼 된다. 이러한 변화들은 모두 정액이 외부로 새어나가는 것을 막기 위한 변화다. 이 오르가슴 융기는 오르가슴기에 자율적으로 5~10회, 리드미컬하게 수축하는 경우가 있다.

소퇴기는 음경을 뽑아낸 후 3~4분 사이에 질강의 확대가 원상으로 되돌아가고, 정액풀도 소실되어 정액의 질외 유출이 일어난다. 이상과 같은 질의 변화를 일괄하여 알기 쉽게 도시하면 〈그림 46〉과 같다.

자궁(子宮)의 변화는 흥분기와 평탄기에서 자궁체부와 자궁질부가 더불어 상승한다. 평탄기에 자궁체는 수축되고 자궁질부도 근소하게 커진다.

오르가슴기가 되면 자궁의 수축이 더욱 두드러지고, 임신자궁도 두드러지게 수축한다. 성교 중 자궁 수축 운동은 IUD(자궁 내 피임장치)의 꼬리 부분에 붙어 있는 표지의 끈을 자궁경관(子宮頸管) 안으로 흡인하는 경우가 있다.

소퇴기가 되면 자궁체도 자궁경부도 조용히 아래로 내려온다.

무엇이 밝혀졌는가?

이것이 마스터즈 팀이 밝혀낸 여성의 성기에서 볼 수 있는 성반응의 주된 것들이다. 마스터즈의 연구 이전에 주장하고 있던 점과 다른 것은 대체로 다음과 같은 점이다.

우선 첫째는 음핵의 반응인데, 전에는 음핵은 성적흥분 시에 음핵 포피로부터 노출된다고 말하고 있었다. 그것이 마스터즈의 질확대경에 의한 관찰로, 성적흥분 때는 음핵이 후퇴한다는 사실이 밝혀졌다.

다음에는, 이른바 질벽에서의 점활액(粘滑液) 발한현상(루브리케이션) 발견으로, 마스터즈의 보고가 있기 전까지는 성적흥분 때 점활은 주로 질의 입구부에 있는 바르톨린선의 분비에 의한 것이라고 말하고 있었다. 그러나 마스터즈의 연구에 의해서 바르톨린선에 의한 분비는 근소하고, 성적흥분 때 루브리케이트의 주역은 질벽으로부터의 여출액이라는 것을 알았다.

또 질의 변화로는 속으로 3분의 1의 확대와 아래로 3분의 1의 융기이다. 그때까지는 성교 때 질의 수축은 질벽 전체에 걸쳐서 고리 모양으로 수축하는 것이라고 말하고 있었다. 그러나 마스터즈의 연구에서 질 속은 수축하기는커녕 도리어 확대되고, 수축하는 것은 질의 입구 부분 근처이며, 그것도 수축이라는 형태가 아니라 질벽의 융기라는 형태로 나타난다는 것을 알았다.

마지막으로는 자궁의 변화인데, 성적흥분 때 자궁은 하강하는 것이라고 생각하고 있었다. 그러나 이것도 반대여서 오르가슴 때는 오히려 자궁이 상승한다는 점이다.

이 밖에도 난관(卵管), 난소(卵巢)의 변화 등도 들고 있는데, 이 기관의 변화는 매우 경미해서 특별히 성반응에 첨가할 필요가 없는 것이라고 생각된다.

마스터즈의 이런 연구는 20세기 성과학상 최대 성과의 하나로 생각되고 있으며, 이후 이것에 첨가할 만한 것은 아무것도 보고되어 있지 않다.

⚤ 오르가슴의 의미와 구조

오르가슴이란 무엇인가?

『의학대사전』에 따르면, 오르가슴이란 「남녀의 성교 때 쾌감이 차츰 증가하여 마침내 그 극점에 도달한 상태를 말한다. 일반적으로 남성의 쾌감 상승·하강 곡선은 가파르고 여성의 그것은 완만하다」라고 설명되어 있다.

도란드의 『의학대사전』에서도 오르가슴이란 「성적흥분 때의 정점 또는 극점이다」라고 말하고 있다. 일본의 의학사전 등에서는 극쾌감이나 극치감이라고도 말하고 있다. 따라서 오르가슴이라는 것은 인간의 성반응 사이클 중 하나의 현상이라고 할 수 있다.

그러나 오르가슴이란 무엇이냐, 특히 이것을 과학적으로 해설하게 되면 그리 간단하지가 않다. 지금까지 설명되어 있는 것을 요약하면, 전신의 생리기능이 극한에까지 도달해서, 그것이 어느 순간에 단번에 해방되는 것이라고 할 수 있다. 성적흥분에 의해서 극도로 긴장된 근육과 신경이 일순간에 이완으로 옮겨가는 그 순간의 상태라고 할 수 있다.

인간이 건강하면 성행위는 늘 어느 정도의 쾌감이 따른다. 이 쾌감은 성기나 그 밖의 것을 자극함으로써 일어난다. 특히 남성의 경우에는 사정 순간, 긴장된 요도를 정액이 단숨에 통과한다. 오르가슴은 그때 볼 수 있는 경우가 많다.

그런데 이 오르가슴 현상은, 사정을 수반하지 않는 여성이나 소아 또는 노인에게도, 정도의 차이는 있을지언정 분명히 인정되고 있다.

또 오르가슴 현상은 인간 이외의 동물에서도 인정된다. 그러나 그 동물들의 오르가슴 때도, 인간과 같은 정도의 극도의 쾌감이 있을까 하는 의문이 있다. 이 의문에 대해서 많은 생물학자는 동물에도 인간과 마찬가지로 쾌감이 수반되어 있다고 주장하고 있다.

동물의 행동으로부터 동물의 쾌·불쾌를 판정하기란 매우 곤란하다. 그러나 사정 현상이 없는 여성이나 소아에게도 오르가슴이 있다는 것을 생각한다면, 쾌감은 반드시 사정의 결과라고만 할 수는 없다. 따라서 남성의 사정은 오르가슴의 단계에서 일어나는 하나의 현상에 불과하다고 할 수 있다.

인간의 오르가슴에는 이미 앞에서 설명했듯이, 전신 근육의 경련, 연축(攣縮)이 인정된다. 또 특유한 신체의 미세 운동도 인정된다. 그러므로 오르가슴은 성기라든가, 특정 기관에 나타나는 현상이 아니라 전신의 현상이라고 할 수 있다. 즉 전신에 나타나는 성반응의 하나라고 할 수 있다.

오르가슴 때 볼 수 있는 신체의 변화

남녀의 성기에서는 해면체의 충혈과 팽창, 전신에 분포되어 있는 신경의 흥분, 협질근(狹膣筋), 좌골해면체근(座骨海綿體筋), 비뇨기삼각근(泌尿器三

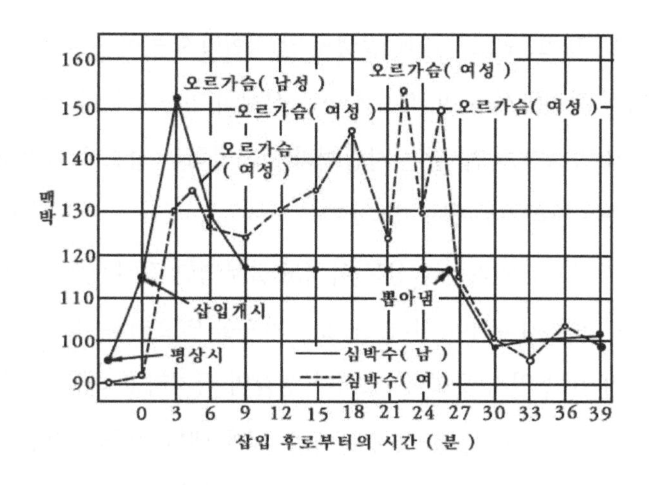

그림 47 | 멀티 오르가슴(Boas)

角筋) 등의 연축, 경우에 따라서는 난관, 자궁 등에도 쾌감을 수반하는 연축을 볼 수 있다. 그러나 오르가슴은 킨제이 등이 말하고 있듯이, 스스로 그것을 자각하는 본인 이외에 제3자가 증명하기는 매우 어렵다. 강한 오르가슴이 나타났을 때는 몸을 접하고 있는 상대가 전신의 미세한 연축을 피부로 느낄 수가 있다.

오르가슴은 또 개인차가 있는데, 나이와 그때의 상태에 따라서도 달라진다. 같은 개인이라도 늘 나타나는 것은 아니며, 또 여성 중에서는 한 번의 성교 중 여러 번의 오르가슴을 느끼는 사람도 있다. 이것을 멀티오르가슴(multiorgasm)이라 부르고 있다. 오르가슴은 나이와 더불어 출현 빈도가 감소하는 경향이 있고, 그것에 도달하는 데 시간이 걸리게 되는 경향도 있다(그림 47). 또 오르가슴을 일생 동안 경험하지 못하는 사람도 있다.

생물학적 관점에서 보면, 오르가슴은 신체의 어느 부분을 자극해도 일어나는 수가 있는가 하면, 같은 사람이라도 자극하는 장소에 따라서 느끼는 오르가슴이 달라지는 일도 있다.

이처럼 오르가슴이라는 현상은 아직도 불분명한 점이 많고, 그 해명은 앞으로의 연구를 기다려야 한다. 또 오르가슴을 일으키는 메커니즘에 대해서도 거의 알고 있지 못하다. 그러나 성감의 극치라고 하는 점에서, 뇌의 감각령(感覺領)과 자극수용기의 문제로, 뇌에 대한 연구의 진전과 더불어 앞으로 차츰 밝혀질 것이다. 오르가슴의 메커니즘이 해명되면 선천적인 오르가슴 결손 등의 원인도 밝혀지게 되어 그 치료법 등이 개발될 것으로 기대된다.

⚥ 성감의 발생과 전달의 메커니즘

성감이란 무엇인가?

앞에서 말했듯이 인간의 성행위에는 일종의 쾌감을 수반하는 것이 상례다. 이 생리적 감각을 일반적으로 「성감(性感)」이라 부르고 있다. 그러나 생리학상, 인간의 감각에는 성감이라는 감각도 없고, 성적 자극만을 느끼는 특별한 「수용기(受容器)」도 없다. 또 성감만을 전달하는 특별한 신경섬

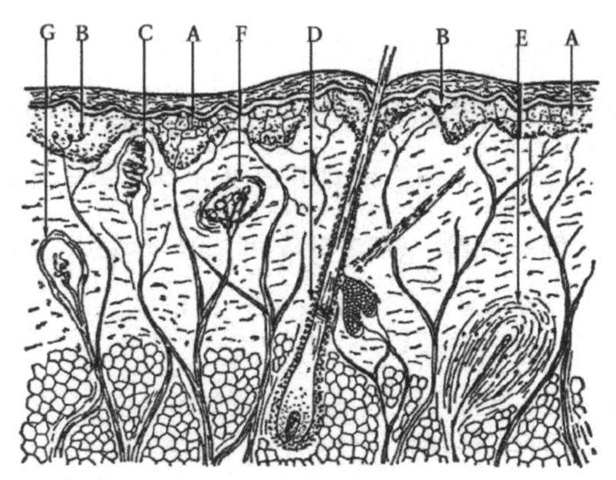

그림 48 | 피부의 감각수용기

유도 존재하지 않는다.

이른바 성감(sexual sensation)이라는 것은, 현재 의학적으로는 음경, 음핵, 질 등의 성기가 마찰되었을 때 일어나는 촉각이 변형된 것이라고 말하고 있다. 또 그 수용기도 층판소체(層板小體: Vater-pachini)와 같은 구조를 가졌을 것이라 말하고 있다(그림 48).

근본적으로, 인간의 감각이란 가장 단순한 자극을 주관적으로 인지하는 기능을 말한다. 같은 종류의 감각에 대해서도 그 세기, 질(質)의 구별(이를테면 빨강이라든가 파랑의 구별), 시간의 경과 등을 인지하는 기능을 가리켜서 생리학에서는 지각(知覺)이라 부르고 있다. 또 몇 가지 지각을 종합하여, 지각된 것이 무엇인지를 인지하는 기능을 인지(認知)라고 말하고 있다. 이를테면 손가락이 책상 표면에 닿았을 경우, 무엇인가 닿고 있다고 느끼는 감각(이 경우는 촉각이라고 한다)이다. 그리고 그 표면이 매끈하냐, 거칠거칠하냐는 등의 성질을 인지하는 기능이 지각이다.

인간이 외계로부터 받는 일체의 자극은 일단 감각수용기에 수용된다. 그리고 여러 가지 부호(符號)로 바뀌어 각각의 중추로 보내지고 있다.

인간의 감각에는 의학·생리학상 등과 같은 종류의 것이 있다.

체성감각, 내장감각, 특수감각

먼저, 체성감각(體性感覺)인데, 이것에 속하는 것으로는 촉각, 압각(壓覺), 온각(溫覺), 피부통각(皮膚痛覺) 등의 이른바 피부감각이라고 불리는 것이 있다. 또 운동감각, 진동감각, 심부감각(深部感覺) 등도 이것에 속한다.

다음의 내장감각(內臟感覺)에 속하는 것으로는 내장통각, 장기(臟器)통각이 있다.

또 특수감각으로는 미각, 후각, 청각, 시각 등을 들 수 있다.

현재 의학·생리학상으로 인정되고 있는 감각은 대체로 위와 같은 것인데, 이들 감각은 각각 수용기를 달리할 뿐만 아니라, 흥분이 도달하는 대뇌의 감각령(感覺領)도 다르게 되어 있다.

따라서 인간의 성감은 현재로서는 이들 감각 중의 체성감각의 일부, 피부감각 중의 촉각이 변질된 것이라고 말하고 있다.

또 그 수용기(受容器)에도 특별한 것은 없고, 파치니소체(pachini小體)와 같은 것이거나 파치니소체가 그 기능을 겸하고 있는 것이라고 생각되고 있다.

성감중추는 어디에 있는가?

성감이란 촉각의 수용기가 자극을 받으면, 그 수용기의 흥분이 뇌의 감각령으로 전달되고, 촉각이 변형되어 감각된 것이라고 말했다.

그렇다면 성충동 등에 성중추가 있듯이, 성감에도 특별히 성감만을 느끼는 성감중추(性感中樞)라는 것이 있을까?

성감이 촉각의 변형된 것인 만큼, 성감만을 일으키는 성감중추는 현재로서는 아직 발견되지 않았다. 그러나 「쾌감중추」의 존재가 밝혀져 가고 있다. 그러므로 이 쾌감중추가 성감의 중추까지도 겸하고 있는 것이라 생

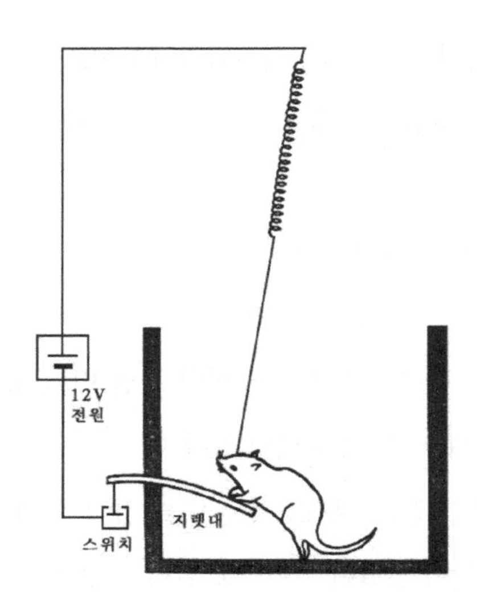

그림 49 | 쥐의 자기자극 장치

각되고 있다.

쾌감중추(快感中樞)라는 개념이 채택되기 시작한 것은 1950년대의 일이다. 동물은 인간과 같이 언어기능(言語機能)이 없기 때문에 쾌·불쾌를 표현할 수가 없다. 그 때문에 동물실험으로 그 존재를 확인할 수가 없어 쾌감중추의 연구가 늦어지고 있었다.

올즈는 1954년에 쥐를 사용하여 자동 자극장치를 고안했다(그림 49). 이것은 그림에 나타낸 것과 같이, 쥐의 뇌의 여러 점에 전극을 묻어, 쥐가 스스로 레버를 누르게 되어 있는 구조이다. 이 장치로 여러 가지 실험을 한 결과, 〈그림 50〉의 빗줄 부분에 전극이 삽입된 경우에만 쥐가 활발하게 레버를 누른다는 것을 알았다.

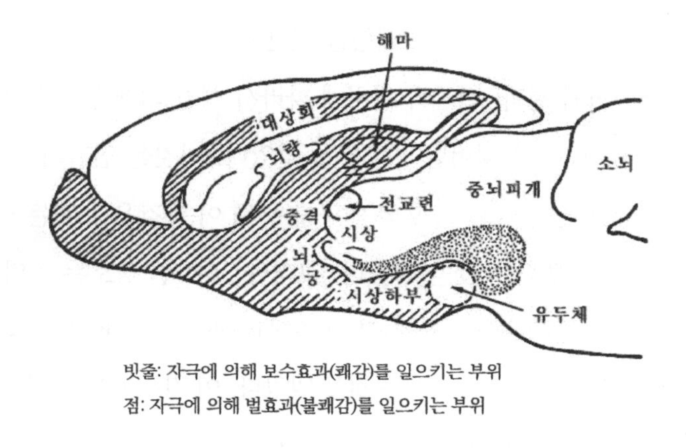

그림 50 | 쥐의 쾌감중추(올즈)

올즈는 이것을 「보수효과(報酬效果)」라고 불렀는데, 쥐에서는 이 부분이 자극되면 쾌감을 일으키는 것이라고 판단했다. 그리고 이 부위를 「쾌감중추」라고 주장했던 것이다. 쥐의 쾌감중추는 그림에서 보듯이 해마(海馬), 중격(中隔), 시상(視床), 시상하부 등에 해당하고 있다. 이것들은 또 앞에서 말했듯이 성중추가 있는 곳이기도 하다.

그런데 이 올즈의 실험에서는, 점으로 표시한 부분에 전극이 삽입되었을 경우에는, 레버를 누르면 도망쳐다니고 두 번 다시 레버를 누르지 않는다는 사실도 알았다. 그래서 이것을 「벌효과(罰效果)」라 부르고, 여기를 자극하면 불쾌감을 일으키는 것이라고 생각한 것이다.

그 후, 이 실험은 인간에게도 시도되었다. 헤스(W. R. Hess)는 1964년에 인간의 자기 자극법, 즉 인간의 뇌 여기저기에 전극을 대어, 자신이 전기적 자극을 반복하는 방법으로 실험을 했던 것이다.

이러한 실험의 결과, 전극의 위치에 따라서 성감 외에 공복감과 갈증감(渴症感)의 충족 등이 일어난다는 것을 알았다. 이것을 인간의 「쾌감중추」라고 주장했던 것이다. 그 후의 연구를 통해 이 쾌감을 느끼는 장소는 뇌의 여기저기에 있다는 것을 알았다. 그러나 그 주된 장소는 쥐와 마찬가지로, 〈그림 51〉에 보인 시상하부 내측핵(內側核), 흑질(黑質), 꼬리 모양핵(尾狀核) 등으로 불리는 근처라는 것을 알았다. 이 장소에서는 전기적 자극의 약 80%에서 쾌감을 느낀다고 말하고 있다.

어려운 인간을 통한 연구

나르콜렙시〔narcolepsy: 특발성수면(特發性睡眠)〕라고 하는, 낮에는 계속해서 잠만 자고 밤이 되면 잠을 못 자는 별난 병이 있다. 나르콜렙시 환자의 뇌에 전극을 이식하여 자기 자극법을 시험하는 실험이 있었다. 그런데 전극이 대뇌번연계의 중추 부근에 오자, 그 환자가 뻔질나게 전원 레버를 누른다는 것을 알았다. 남성 환자에게 그 이유를 물었더니 「레버를 누르면 답답한 느낌이 없어지고, 마치 성교 때의 사정 직전과 같은 쾌감이 느껴진다」라는 것이었다. 또 여성 환자는 「자극되고 있는 동안 줄곧 남성에게 안겨 있는 듯한 느낌」이라고 대답했다.

러시아(구소련)에서는 파킨슨(Parkinson)증후군 환자에 대해 같은 실험을 했다. 이 파킨슨증후군이라는 병은 운동감소 근경직증후군(運動減小筋

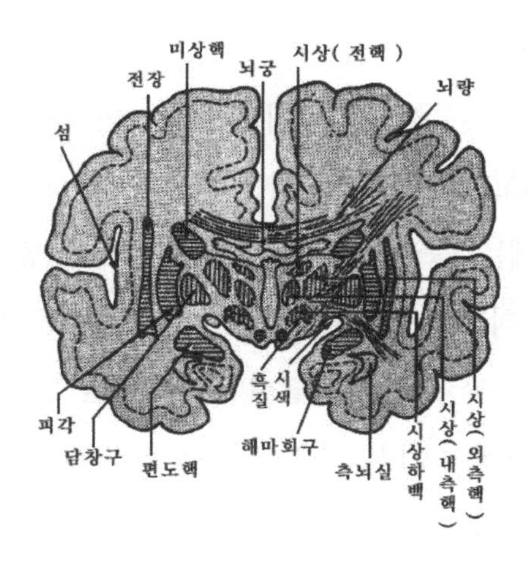

그림 51 | 대뇌 횡단면

硬直症候群)으로도 불리며, 이것에 걸리면 각종 운동이 장애를 받게 된다. 그 때문에 특유한 지속성 진전(振顫), 근육 경직, 특유한 자세, 특유한 손가락 상태 등을 나타낸다. 원인은 여러 가지가 있지만 감염, 종양, 중독, 변성(變性: 노화) 등이 주된 이유이다. 이런 증상이 발현하는 것은 간뇌, 중뇌, 특히 성중추, 쾌감중추 등이 있다고 말하는 시상 주변이 침범되기 때문이라 보고 있다. 따라서 파킨슨증후군은 성과도 크게 관련이 생기게 된다.

파킨슨증후군 환자에게 전극을 삽입해서 했던 실험, 즉 시상하부 특히 그 안쪽으로 전극이 들어갔을 때만 성적흥분이 왔었다는 보고가 있다.

성감의 전달장치

성감의 전달은 모두 다른 감각의 전달과 마찬가지로, 신경에 의해서 이루어진다. 그리고 성감만을 전달하는 특별한 신경장치는 없다.

인간의 신경에는 「중추신경」과 「말초신경」의 두 종류의 신경계통이 있다. 그중 뇌 및 척수를 중추신경이라 부르고 있다. 또 이 뇌와 척수로부터 나와서 신체의 모든 부분에 도달해 있는 신경을 말초신경이라고 부른다. 이 말초신경은 모두 뇌 및 척수에서 출발하기 때문에 별명을 「뇌척수신경」이라고 하는 경우도 있다. 이 중에서 뇌에서부터 나오는 신경을 뇌신경이라 하는데, 〈그림 52〉에 보인 것과 같이 12쌍의 신경이 있다(다만 I, II, III의 신경은 이 그림에서는 보이지 않는다).

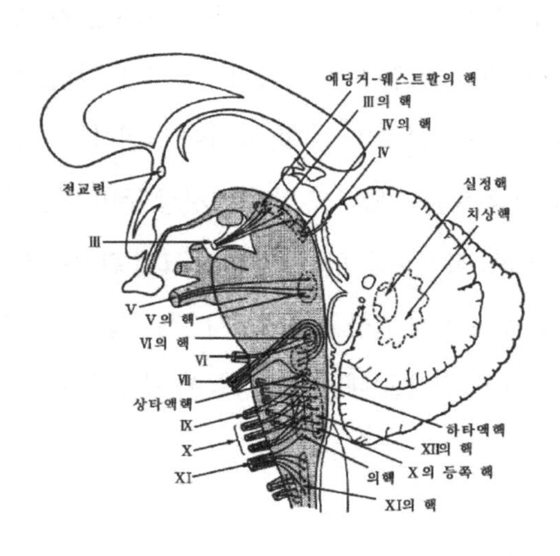

그림 52 | 뇌신경 운동근(그리스 숫자는 뇌신경의 번호)

이 뇌신경은, 대뇌로부터 말단의 장기와 기관으로 신호를 보내는 원심성(遠心性) 신경섬유로 이루어져 있다. 이 12쌍의 뇌신경 중 성충동이나 성반응과 관계가 깊은 신경은 제10뇌신경(X)이다. 이제 10뇌신경은 미주신경(迷走神經)이라고도 불리며, 주로 감각이나 자율신경의 신호를 말초에 전달하고 있다. 이 뇌척수신경에는 기능적으로 보면, 운동이나 감각과 같은 동물성 기능에 관여하는 것과 호흡이나 순환 등 식물성 기능에 관여하는 것이 있다.

운동이나 감각과 같은 동물성 기능에 관여하는 말초신경을 「체성(體性) 신경」 또는 앞에서 말했듯이 「동물신경」이라 부르고 있다.

반면에 호흡이나 순환 등 의지와는 전혀 관계가 없는 식물적 기능에 관여하고 있는 말초신경을 「자율신경」 또는 앞에서 말한 「식물신경」이라고 부른다. 이처럼 신경은 그 시기에 따라, 사람에 따라, 기능에 따라서 해부생리학적으로 여러 가지 명칭으로 불리고 있으므로, 그때마다 정리해 두는 것이 중요하다. 인간의 성감전달에 관여하고 있는 것은, 지금까지 설명해 온 뇌와 척수의 중추신경과 체성신경과 자율신경으로 이루어지는 말초신경 등 인간의 거의 모든 신경이라고 할 수 있다.

성감전달의 메커니즘

신경을 매개로 해서 성감이 어떻게 말초에서부터 중추로, 그리고 중추에서부터 말초로 전달될까? 성감뿐만 아니라 모든 감각은, 다음에 설명하는 것과 같은 매우 복잡한 구조에 의해서 이루어져 있다.

앞에서 말한 체성신경에는, 흥분을 중추신경으로부터 말초기관(감각수용기)으로 전달하는 원심성신경과 반대로 말초기관으로부터 중추신경으로 전달하는 구심성(求心性) 신경의 두 종류의 신경섬유가 있다. 그러나 앞에서 말한 자율신경만은 모두 원심성신경으로 구성되어 있다.

신경을 구성하고 있는 신경세포는 〈그림 53〉에서 보는 것과 같이, 가시가 돋은 아메바 모양의 세포다. 이 가시에는 두 종류가 있는데, 하나는 「수상돌기(樹狀突起)」라 하고, 하나는 길게 뻗어서 「신경섬유(神經纖維)」라고 부른다.

이 중에서 수상돌기 쪽은 가지가름(分枝)을 하면서 앞으로 나갈수록 가늘게 되어 있다. 그 가지 수나 분지의 패턴 등은 신경세포의 종류에 따라서 다르다.

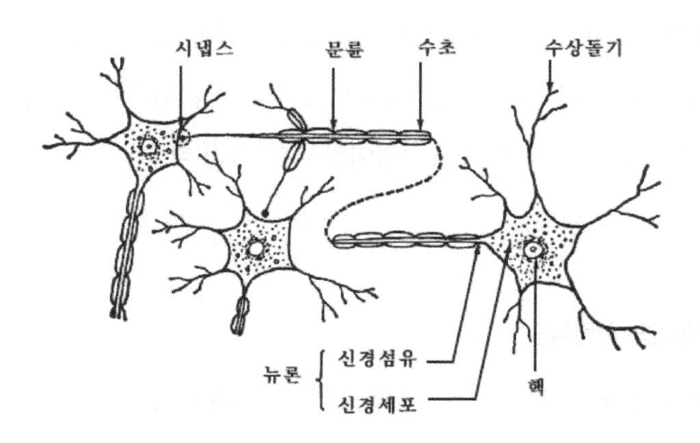

그림 53 | 뉴런과 그 접속(Chiba)

이에 반해서 신경섬유는, 수상돌기와는 달리 선단까지 거의 가지가름도 하지 않고, 크기도 변하지 않으면서 뻗어 있다. 이것은 신경세포의 일부가 뻗은 것으로서, 그 길이도 1m 이상이나 되는 것도 있다. 이 신경세포와 신경섬유를 합쳐서 뉴런(neuron)이라고 부르기도 한다. 신경세포와 인접 신경세포와의 결합은 수상돌기에 의해서 이루어지고 있다. 이 수상돌기와 신경세포의 접촉 부분을 시냅스(synapse)라고 한다.

신경섬유는 〈그림 53〉에서 보듯이 수초(髓鞘)로 감싸여 있는 곳과 수초가 없는 부분이 있다.

수초가 있는 것을 유수신경(有髓神經)이라 하고, 수초가 없는 것을 무수신경이라고 부른다. 이 신경섬유를 감싸고 있는 수초는, 인접해서 달려가고 있는 신경섬유의 흥분이 옮아 타지 않도록 절연체의 구실을 하고 있는 것이다.

또 신경세포와 신경섬유는 일단 따로따로 모여 있고, 신경세포가 모여 있는 부분은 회백색(灰白色)으로 보이기 때문에 「회백질(灰白質)」이라고 불린다. 신경섬유가 집합해 있는 곳은 백색으로 보이기 때문에 「백질(白質)」이라고 부른다.

대뇌에서는 회백질(신경세포의 집합부)이 표층에 있고, 백질(신경섬유의 집합부)은 안층의 깊은 곳에 있다. 이에 반해 척수에서는 회백질이 중심부에 있고, 백질은 바깥쪽에 있어서 대뇌와는 정반대인 것이 특징이다.

전달물질과 억제물질

한 신경세포와 인접 신경세포와의 신호의 전달은, 이미 앞에서 말한 시냅스라는 특별한 장치로 이루어져 있다. 우리가 사용하는 가정 전기기구로 말하면, 중간소켓 또는 탭과 같은 것이다. 중간소켓과 다른 점은, 시냅스에서는 단순히 신경섬유를 바꾸어서 흥분을 전달하는 역할만이 아니라, 〈그림 54〉에서 볼 수 있듯이 어떤 종류의 물질이 분비되고 있다. 이 물질에는 플러스의 물질과 마이너스의 물질이 있다. 플러스의 물질은 시냅스에 도달한 신호를 시냅스보다 앞쪽으로 섬유를 바꾸어서 전달하는 것으로, 이것을 「물질전달」이라 부르고 있다.

이에 반해 시냅스에서 분비되는 마이너스 물질은, 시냅스에 도달한 신호를 그보다 앞쪽으로 보내지 못하게 거기서 정지시켜 버리는 것이다. 그

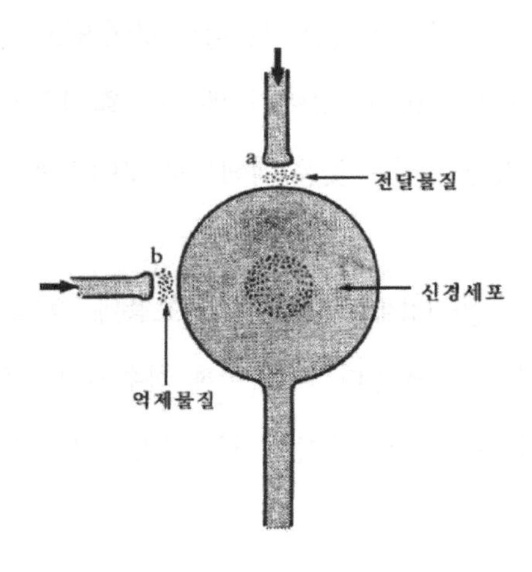

그림 54 | 신경세포의 시냅스(Chiba)

러므로 이것을 「제지물질(制止物質)」 또는 「억제물질(抑制物質)」이라 부르고 있다. 즉 전달물질은 신경세포의 감도를 높여서 그 앞쪽으로 신호를 전달하는 기능을 하고 있다. 즉 억제물질 쪽은 신경세포의 감도를 낮추어서 시냅스로 온 신호가, 거기를 통과하지 못하게 하는 기능을 가지고 있는 셈이다. 비유적으로 말하면, 시냅스는 통과하는 신호의 교통정리를 하는 것이 된다.

이 시냅스에서의 전달물질로는, 예로부터 아세틸콜린(acetylcholine), 세로토닌(serotonin), 도파민(dopamine) 등의 물질이 알려져 있다.

점증작용과 점감작용

인간이 외계로부터 받는 일체의 자극은, 그것들을 자극으로 받아들이는 감각수용기에 일단 수용된다. 그리고 각각의 감각 정보로 부호화되어서 전달된다. 신경세포에 자극이 가해지면 눈에 보이지도 않고, 귀에 들리지도 않는 미시(micro)의 변화가 일어난다. 이 세포의 변화를 전기적으로 포착하는 것이 신경의 감각 정보 전달의 메커니즘을 아는 데 도움이 되고 있다.

생체에서는 활동하고 있는 부위는 전기적으로 마이너스라는 원리가 있다. 따라서 자극을 받으면, 그 자극을 받고 있는 세포 밖과 세포 안에서는 전기적으로 플러스·마이너스의 상황이 되고, 세포막을 통해서 매우 약한 전류가 흐르는 것이다.

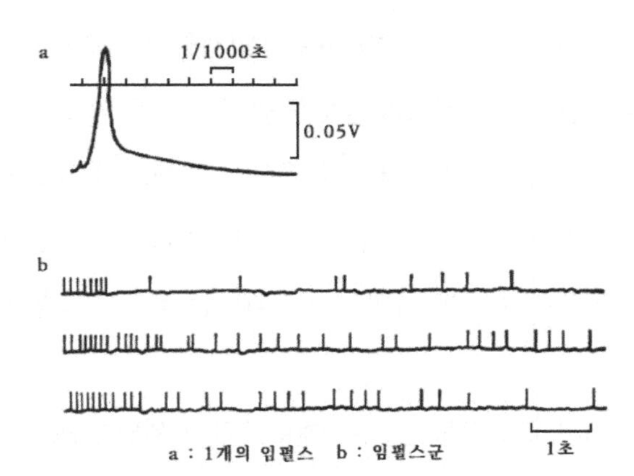

그림 55 | 신경계를 전해가는 임펄스

이 전류를 보통 「활동전류」라 부르고 있는데, 0.1V 정도의 약한 전류이다. 이것을 증폭해서 브라운관 위에서도 볼 수 있게 되었다.

이렇게 활동전류를 브라운관 위에서 관찰하면, 활동전류로서 포착된 세포의 흥분은 〈그림 55〉에서 보듯이, 마이너스가 되어 본래로 되돌아오는 단순한 형태를 하고 있다는 것을 안다. 더구나 같은 장소에 대해서는 전달되는 신호의 형태와 크기도 거의 일정하다는 것을 알고 있다. 이 신호가 신경섬유를 전달하는 속도는, 빠른 것은 1초에 120m, 느린 것은 50cm 정도이다. 이 신호를 가리켜 생리학에서는 「임펄스(impulse)」라고 한다. 하나의 임펄스는 그림에서 보는 바와 같이 1,000분의 1초라는 짧은 것이다.

그런데 이 감각신경의 임펄스에는 다음과 같은 공통의 성질이 있다.

임펄스는 시간의 경과와 더불어 감소해 간다는 성질을 가지고 있다. 또 같은 자극을 반복하고 있으면 차츰 감도와 감수성이 낮아진다는 성질도 있다.

모든 감각은 자극을 가하는 것과 동시에 일정한 세기로 느끼는 것은 아니다. 얼마 동안 증대해 간 뒤에 일정한 세기가 되는 성질의 것이다. 이것을 감각의 「점증작용(漸增作用)」이라 부르고 있다.

자극을 중지한 후에도 마찬가지로, 얼마 동안은 감각이 남아 있다가 이윽고 사라져 가는 성질이 있다. 이것을 「점감작용(漸減作用)」이라고 한다. 또 자극을 중지한 뒤에도 얼마 동안 감각이 남아 있는 일이 있는데, 이것을 「잔감각(殘感覺)」이라 부르고 있다.

이 감각에 대한 생리학적 법칙은 모두 성감에 대해서도 말할 수 있는 일이다. 따라서 성반응이나 성감에 대한 개인차, 남녀차, 연령차 등 갖가지 문제도 이 같은 점에서부터 자연히 이해될 수 있을 것으로 생각된다.

마크로의 전달 메커니즘

성감의 전달에는 이와 같은 미시적인 것이 있는 것 외에 거시적인 전달 메커니즘도 있다.

외계로부터 자극을 받으면 〈그림 56〉에 나타냈듯이, 일단 촉각의 수용체인 파치니소체로 들어간다. 여기서 임펄스로 된 흥분은 〈그림 57〉과 같이 척수후근(脊髓後根)으로부터 척수신경의 피부감각 신경섬유로 들어

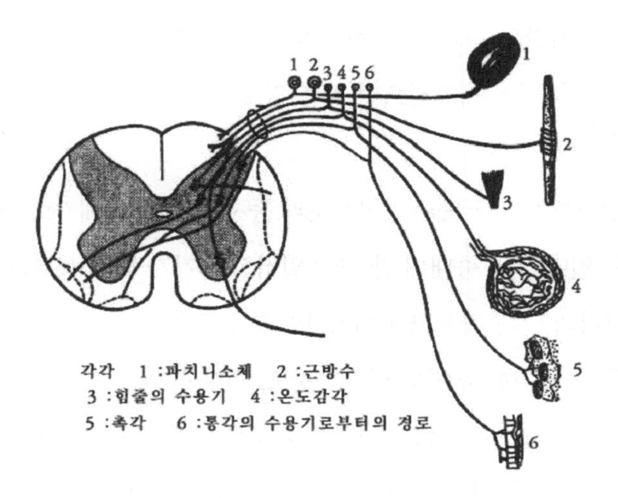

그림 56 | 성감전달의 경로(1)

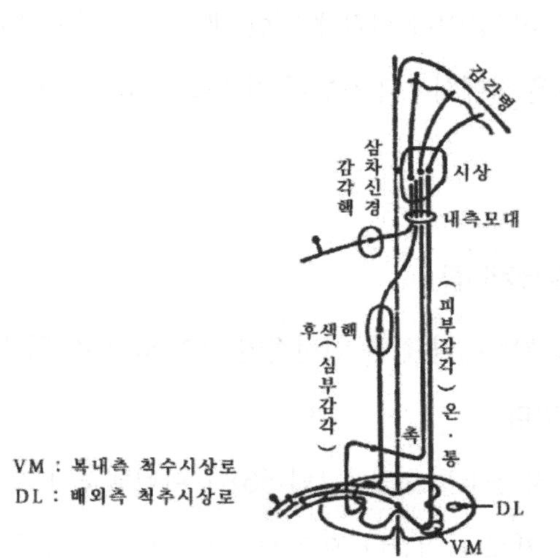

그림 57 | 성감전달의 경로(2)

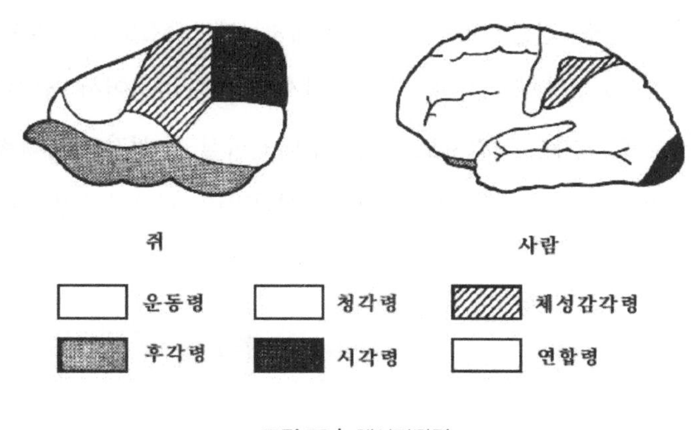

그림 58 | 체성감각령

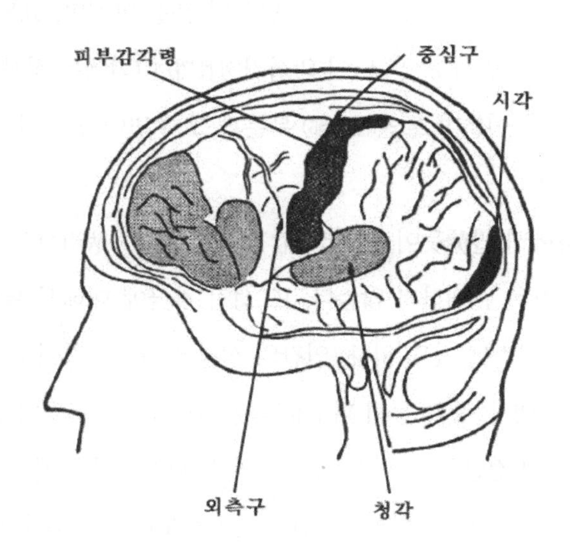

그림 59 | 인간의 피부감각령(Tokisane)

가고, 일부는 척수전근(脊髓前根)을 거쳐 내측모대(內側毛帶)를 통과해서 시상 속의 성감중추로 들어간다. 거기서 다시 뉴런을 바꾸어서 대뇌피질의 감각령으로 들어가서 성감으로 된다. 이 대뇌피질 중 성감의 감각령으로서는 〈그림 58〉 및 〈그림 59〉에 보인 체성감각령, 피부감각령이 이것에 해당한다.

성감대란?

도란드의 『의학대사전』에 따르면, 성감대(erotogenic zone)란, 「접촉 자극에 의해서 성적 쾌감을 일으키는 민감한 신체적 부분의 총칭이다.」라고 되어 있다. 그리고 그것은 특히 남성의 음경 아랫면, 요도, 여성의 질과 음핵 등이라 말하고 있다. 이 외성기(外性器) 이외에는 젖꼭지, 입술, 항문, 귓구멍 등, 이른바 트인(開口部) 부분과 그 주변이 성감에 민감한 장소로 들고 있다.

그러나 앞에서 말했듯이, 인간의 감각에는 의학 · 생리학상 성감이라는 특별한 감각은 존재하지 않는다. 또 성적 자극에 대해서 특이적으로 반응하는 수용기라는 것도 없다. 인간의 성감은 체성감각이라 일컬어지는 촉각, 온각, 냉각, 통각 등의 피부감각의 수용기가 그것들의 감각을 성감으로 변형해서 전달한 것이다. 또 실제의 성교나 페팅 등에서는 피부감각뿐만 아니라, 내장이나 힘줄(腱), 관절 등으로부터의 심부감각(深部感覺)도 복합, 변형해서 성감을 형성하고 있는 것으로 생각된다. 그렇다고 하면 인간의 성감대 또한 전신에 있다고 말할 수 있다.

전신의 피부나 기관 중에서도, 특히 체성감각의 수용기가 많이 분포해 있는 부위가 「성감대」라고 불리는 곳이다. 그러나 이 성감수용기는 특별한 것이 있는 게 아니고, 촉각의 수용기인 파치니소체 등이 그 기능을 겸하고 있는 셈이다. 또 촉각은 개인에 따라서, 남녀에 따라서, 연령에 따라서 그 감수성과 흥분성이 다르기 때문에, 어느 경우에는 성감을 느끼거나, 어느 경우에는 간지럽거나 하는 것이다. 또 어떤 여성은 발바닥에서 성감을 느끼고, 어떤 남성은 등에서 성감을 느끼기도 한다. 최근에 화제가 되고 있는 G스폿(G-spot: 여성 성기의 일부. 음핵과 마찬가지로 여성을 흥분시키는 장소. 이 장소를 발견한 서독의 의사 Gräfenberg 여사의 이름에서 땄다)이라는 것도 아마 이런 현상의 하나일 것이다. 어떤 여성은 G스폿이 성감을 느끼고, 어떤 여성은 느끼지 못하는 경우도 있을 것이다.

문화인류학자에 따르면, 원숭이에서부터 진화해서 두 다리로 똑바로 서서 걷게 된 인간은, 성감에서도 큰 변화가 일어났었다고 말한다. 이를테면 직립(直立)을 하게 됨으로써 골반이 크게 변화했다. 인간은 온몸의 체중을 받기 때문에 장골익(腸骨翼)이 퍼지고, 골반강(骨盤腔)은 술잔 모양을 나타내게 되었다. 또 성기의 위치가 뒤쪽에서부터 앞쪽으로 비스듬히 이동했다. 동시에 골반의 자유도가 늘어나고, 골반의 운동에 폭을 지닐 수가 있게 되었다.

게다가 또 인간이 다른 동물과 다른 점은, 양손을 자유로이 쓸 수 있다는 점이다. 그 때문에 성교할 때 전신으로 상대를 껴안을 수 있게 되었다. 또 체모(體毛)가 감소한 것도 피부의 접촉면적을 확대시켜 촉각을 충분히 활용할 수 있게 되었다. 더욱더 중요한 것은, 외음(外陰)도 입술도 유방도 성감, 즉 촉각에 관여하고 있는 중요한 기관이 모두 몸의 앞면에 있다는 점이다.

그러므로 인간은 시각, 후각, 청각, 촉각 등 대뇌를 자극해서 성중추를 흥분시키는 기관이 모두 성행위 중에 자극받기 쉽게 되어 있는 셈이다. 게다가 그 자극을 받아서 성감으로 변환시키는 감각령은 대뇌피질 속에 있고, 그 대뇌피질의 발달은 인간이 가장 뛰어나다는 점도 중요하다.

⚥ 나이와 성반응의 변화

고령화에 따르는 감수성 · 전달속도의 저하

인간은 나이를 먹으면, 뇌세포나 신경의 감수성 혹은 흥분의 전달속도 등이 당연히 저하된다고 생각한다. 또 앞에서 말한 대로 자극수용체나 전달에는 활동전류(活動電流)의 원칙도 적용된다. 그러므로 오랜 세월에 걸쳐서 같은 자극을 받아왔던 감각수용기에는, 당연히 자극의 역치(閾値)가 높아지는 일이 일어난다.

이를테면 같은 여성의 나체를 보는 형태로 자극을 받더라도, 나이를 먹으면 중추신경세포의 역치가 높아져 있기 때문에 그것에 대한 감수성의 저하가 일어나고 있다. 뇌신경세포의 흥분성 저하는 당연히 원심성(遠心性)으로 전달되는 자율신경의 흥분 전달의 저하로 나타난다. 그 결과, 자율신경의 흥분에 의해서 일어나는 각종 성반응도 당연한 일로 크게 변화하게 되는 것이다. 마스터즈의 연구에 따르면, 중·고령자의 성반응에는 다음과 같은 변화를 볼 수 있다.

젊은 여성의 대부분에서 볼 수 있었던 성적홍조(性的紅潮: sexflush) 등도 40세를 지날 무렵부터 차츰 감소한다. 40세 이상의 백인 여성 중 75% 정도에서는 이 성적홍조를 볼 수 있다고 한다. 그러나 백인이라도 폐경기가 되면 불과 12~13%밖에는 인지되지 않으며, 폐경 후 10년이 지나면 거의 성적홍조를 볼 수 없게 된다고 한다.

중·고령 여성을 통해 살펴보는 기관의 변화

성적자극에 의해서 일어나는 근긴장(筋緊張)도 나이와 더불어 감퇴한다. 젊을 때 볼 수 있었던 오르가슴기의 손과 발가락의 경련, 수축 등은 중·고령이 되면 볼 수 없게 된다. 또 성적자극에 대한 음핵의 반응속도가 두드러지게 느려진다. 그러나 자극에 시간을 들이면 젊은 여성에게서 볼 수 있었던 것과 같은 음핵의 종장(腫張)이나 혈관의 충혈 등은 볼 수가 있다. 젊은 여성에게서 볼 수 있었던 대음순(大陰脣)의 평탄화라든가, 대음순의 상승 등의 성반응은 중·고령이 되면 전혀 관찰할 수 없게 된다.

소음순에서의 반응도 전적으로 같으며, 폐경 후의 여성에서는 오르가슴기에 볼 수 있었던 소음순의 혈관충혈, 이른바 베이조콘게스션(vasocongestion) 등은 중·고령이 되면 완전히 인지할 수 없게 된다고 한다.

바르톨린선의 분비액은 나이와 더불어 감소하기는 하지만, 중·고령이 되어도 분비되고 있다. 다만 폐경 후가 되면 성적자극이 주어지고부터 분비를 시작하기까지의 시간이 길어지고 또 분비량도 감소한다.

중·고령 여성의 성반응의 변화에서 두드러진 것은 뭐니 뭐니 해도 질의 변화다. 폐경 전후에서는 여성의 질의 성반응에는 그다지 큰 변화가 보이지 않는다. 그러나 폐경 후 10년 정도 지나면, 특히 미망인 등은 질에 상당한 위축이 일어난다. 질점막(膣粘膜)의 비박화(非薄化), 평활화(平滑化), 협소화(狹小化) 및 질벽 주름의 감소, 소실 등이 그것이다. 그 결과로 질강이 좁아지고 확장력, 신전력이 두드러지게 감퇴한다. 또 질반응의 변화에서 두드러지는 것은, 이른바 질점활액(膣粘滑液: 루브리케이션) 산출량의 감소이다.

이전에는 성적흥분에 의해 질이 젖는 것은 바르톨린선의 분비물 탓이라고 생각되고 있었다(벨데). 그러나 마스터즈의 실험연구 결과로는 바르톨린선의 분비보다 질벽 전체로부터의 여출액이라는 것이 알려지게 되었다. 그리고 그것은 질벽혈관의 여출(濾出)이라는 것을 알았다는 것도 이미 앞에서 설명했다.

이 여출 현상, 즉 루브리케이션(lubrication)은 젊은 여성에게서는 성적 자극이 주어지고부터 10~30초에서 질벽 전체에 골고루 번진다. 그런데 중·고령이 되면 성적 자극이 주어지고부터 3~5분 이상이 지나지 않으면 점활액이 나타나지 않는다는 것을 알았다. 또한 그 양도 매우 소량이다.

그 결과 중·고령이 되면, 성교할 때 음경의 삽입이 곤란해지고, 강행하면 성교통(性交痛)을 가져오게 된다. 물론 예외도 있어서 60세를 지나서도 충분한 점활액이 있고, 전혀 성교통이 없는 사람도 있다. 이런 것들은 모두 개인차의 문제이고 특별한 의학적 이유가 있는 것은 아니다.

이처럼 중·고령이 되면, 여성의 성기는 서서히 위축하기 시작하고, 그것에 따라서 성적자극에 대한 반응도 두드러지게 변화한다. 그러한 성반응의 변화 중, 질점활액의 분비 부족에 의한 성교통에 관해서는, 인공적 점활제가 만들어져 있어 고령화 사회에 대한 의학적 대응이 취해지고 있다.

중·고령 남성의 경우

한편, 남성도 여성과 마찬가지로 중·고령이 되면 성반응의 변화가 나타난다. 남성의 성반응 변화에서 가장 두드러진 것은 음경에서 일어나는 것이다.

이를테면, 건강한 젊은 남성은 어떤 성적자극이 오면 3초 내지 5초 사이에 음경이 발기한다. 그런데 중·고령이 되면 자극이 주어져서 발기하기까지에는 시간이 걸리며, 60세를 지나면 2분 내지 3분 또는 그 이상의 시간이 걸리게 된다.

또 중·고령자는 완전 발기를 하지 않는 경우도 있다. 또 발기 중에 이완되면 발기를 이어가기 어렵게 된다. 사정 후의 재발기에도 상당한 시간이 걸리게 된다.

젊은 남성은 사정 직후 일시적으로 이완되어 자극에 대해서도 무반응기가 되지만, 60세를 지난 남성에서는 이 무반응기가 길어진다. 따라서 이 무반응기에는 아무리 자극을 주어도, 다시 발기하게 하는 것은 곤란하다. 하지만 여성과 마찬가지로 이것도 개인차가 있으며, 60세를 넘은 남성이라도 사정 후의 무반응기가 젊은 사람과 마찬가지로 짧아, 사정 후 1~2시간에 재발기하여 다시 성교할 수 있는 사람도 있다.

또 고령이 되면, 사정 직전까지 완전발기를 하지 않는 경우도 있다. 젊은 남성에서는 흥분기, 평탄기(고양기), 절박사정(切迫射精), 사정 오르가슴으로 차츰차츰 흥분이 높아지고, 그와 동시에 발기도 단단하고 강해지는 것이 보통이다. 그런데 중·고령이 되면 이런 패턴을 취하지 않고, 불완전

발기상태로 사정 거의 직전에야 짧은 완전발기가 되어서 금방 사정을 하게 된다.

또 중·고령이 되면 오르가슴기에 볼 수 있는 각종 근의 수축도 약하고, 그 결과 정액의 사출력도 쇠퇴하여 사출거리도 짧아지다가 마침내는 사출하지 않게 된다. 사정 후에는 소퇴 제1기, 소퇴 제2기라는 식으로, 젊은 남성의 소퇴기의 패턴을 취하지 않고, 단숨에 쇠퇴하며 발기했던 음경도 급속히 위축되고 만다.

이러한 성반응의 변화는 사정감, 수축감의 감퇴가 되고, 그것에 따라서 성감도 두드러지게 쇠퇴한다.

이러한 남녀의 성반응 변화의 결과로 여성에서는 성교통, 남성에서는 발기부전(勃起不全), 사정부전, 쾌감부전, 성감소실 등의 증상으로 나타나게 된다.

4장

성행동의 패턴 탐색

성행동(sexual behavior)이라고 한마디로 말하지만, 그 형태는 매우 다양해서 간단히 설명하기 어렵다. 인간의 경우와 인간 이외의 동물의 경우에서는 그 목적도 행동의 내용도 다르다. 또 생물학적인 정의와 사회학적인 정의에서는 그 내용도 달라진다.

⚥ 성행동이란 무엇일까?

성행동 의미의 다양성

성행동(sexual behavior)이라고 한마디로 말하지만, 그 형태는 매우 다양해서 간단히 설명하기 어렵다. 인간의 경우와 인간 이외의 동물의 경우에서는 그 목적도 행동의 내용도 다르다. 또 생물학적인 정의와 사회학적인 정의에서는 그 내용도 달라진다. 물론 여기서는 인간 이외의 동물의 성행동까지를 포함해서 과학적으로 설명하기로 한다. 생물학적으로는 인간 이외의 생물의 성행동 연구는 꽤 진보해 있지만, 인간의 성행동에 관해서는 거의 연구다운 연구가 이루어져 있지 않다. 20세기에 들어와서 네덜란드의 벨데(Van de Velde)와 미국의 킨제이에 의해서, 인간의 성행동 패턴의 조사가 실시된 것에 불과하다.

최근에는 일본에서도 주로 사회심리학자들에 의해서 일본인의 성행동에 관한 조사보고가 이루어지고 있으나, 과학적인 연구에 대해서는 아직도 까마득한 상태라고 할 수 있다.

근본, 성행동이라는 것은 종족보존에 기여하는 정동행동(情動行動)의 하나이다. 성교 및 그 전후에 이루어지는 일체의 행동을 포함하여 인간의 성행동이라고 말하고 있다. 인간 이외의 포유동물에서는 성행동의 패턴이 상당히 자세히 연구되고 있다. 그 내용도 동물의 종류에 따라서 다소의 차이가 있다.

동물의 성행동은, 한마디로 말해서 「배우행동(配偶行動: epigamic behavior)」이라 일컬어지고 있다. 그 내용은 탐색행동, 구애행동, 교미, 주정(注精: 사정), 과시행동(성기 과시: display), 프레젠팅(presenting), 몸차림(grooming) 등 일련의 행동의 모든 것을 성행동이라고 말하고 있다. 최근에는 인공수정이나 체외수정 등의 연구가 두드러지게 진보해서, 이러한 성행동의 내용과 정의에도 다소의 차이가 나타나게 될 것으로 예상된다.

원래, 생물은 진화하는 것이며 그러기 위해서는 다른 생물과 염색체의 교환이 필요하게 된다. 개체는 죽더라도 그 집단, 종족에서는 생식에 의해 다음 세대가 태어나게 된다. 그러므로 생물학적으로 본다면 성행동은 종족을 위한 행동이며, 집단을 위한 행동이라고 할 수 있다.

따라서 지금까지 성행동이라고 하면 여러 가지 생물학적 조건이 있었다. 이를테면 동족이라는 것의 인지, 이성이라는 것의 인지, 서로가 도피행동과 공격행동을 억제하고 성행동의 동기를 설정하는 일 등이다. 그러나 이 성행동의 조건도, 생식행동으로서의 성행동에서는 염색체의 재조합, 인공수정, 체외수정 등 과학기술의 진보에 의해서 앞으로 크게 바뀔 것으로 예상된다.

인간의 성행동의 특수성

인간의 성행동에는 종족의 보존, 집단 유지로서의 성행동 외에도 개체의 쾌락, 정서, 육아, 삶의 보람으로서의 성행동이 있다. 그 때문에 동물의 성행동에는 성행동의 종말이 죽음과 이어지는 일이 있는데도, 인간에게는 이와 같은 일이 없다는 것도 하나의 특징이다. 동물의 성행위는 종의 보존, 생식을 위한 것만의 행동이지만, 인간의 성행동은 생식을 위한 것이란 그중의 극히 일부에 지나지 않는다.

또 종족보존에 관여한 성행동은, 섭식행동(攝食行動)이나 음수행동(飮水行動)과는 다르며, 항상성(恒常性: homeostasis)의 유지와는 무관한 행동이다. 그 때문에 그 종족이나 집단에 가장 적합한 시기에 이루어지는 행동이다. 야생동물에서는 성행동에 주기성이 있어, 새끼 기르기에 가장 적합한 시기나 식량이 풍부한 시기에 개체의 보호를 위해서 동일 종족이 집단으로 성행동을 하는 경우가 많다. 그러나 야생동물 중에서도 언제든지 늘 먹이를 획득할 수 있거나 힘이 센 것 중에서는 성행동의 주기성이 다소 엄격하지 않은 것도 있다.

인간은 모든 생물 중에서도 가장 자신을 보호하는 능력이 뛰어나다. 그 때문에 긴 진화과정에서 발정기(發情期)라고 하는 것을 상실한 유일한 생물이다. 그러므로 인간의 성행동은 개체가 건강하다면 살아 있는 한 언제라도 일으킬 수가 있다.

성행동은 내적결핍(內的缺乏) 신호에 의해서 유발되는 것이 아니라 호르몬이나 외부자극으로 인해 유발된다는 특징을 지니고 있다.

또 성행동은 경험적, 인지적, 학습적 요소와도 큰 관계를 지니고 있다. 그러므로 선천적인 것보다는 후천적인 요소가 매우 크다는 것도 특징이다. 전에는 성행동은 모두 선천적, 본능적 행동으로서 처리되고 있었지만, 오늘날에는 야생동물조차도 후천적, 경험적 학습이 없으면 완전하게 이루어지지 않는다는 것이 실험적으로 확인되고 있다.

성행동은 또 다른 동기부여 행동과는 달라서 그 발현까지에는 긴 기간을 요하는 것도 특징이다. 성행동 중 일부의 반사적 현상, 이를테면 음경의 발기현상 등은 꽤 일찍부터 관찰되고 있다. 그러나 완전한 성행동의 발현에는 사춘기의 성징 발육, 성의식의 발달 등 호르몬, 근육, 신경 등의 발육, 발달과 오랜 후천성의 학습, 경험이 필요하다.

무엇보다도 중요한 것은 성행동에는 항상 파트너가 중대한 요소를 차지하고 있다는 점이다. 인간 이외의 동물의 성행동은 모두 이성이 없으면 성립되지 않는다. 그러나 인간의 성행동은, 생식이 목적의 전부가 아니기 때문에, 동성 또는 단독으로도 이루어지는 경우도 있다는 것이 특징이다.

그러므로 인간의 성행동을 동물의 성행동과 비교할 경우에는 이와 같은 특징을 알아 둘 필요가 있다.

성교의 예비행동

성교 전후에 이루어지는 일체의 성행동을 예비행동이라고 한다. 일찍이 벨데는 성교 전과 성교 후로 나누어서 전기(前技)·후기(後技) 등으로 일컫

표 5 | 페팅의 빈도와 연령(Isikawa)

	29세 이하	34세 이하	35-39	40-44	45-49	50-54	55-59	60세 이상
관리직 · 남편		46.2		45.5	49.7	48.5	42.6	43.2
일반 · 남편		45.5	45.2	43.9	27.3	47.5	24.4	27.1
관리직 · 남편의 부인		57.1	34.9	45.2	36.1	32.1	25.0	16.7
일반 · 남편의 부인	45.0	37.8	34.0	31.8	26.7	25.0	20.7	11.5

고 있었는데, 인간의 성행동을 연구한 킨제이에 의해서 현재는 페팅이라고 명명되었다. 그들은 성기 결합(성교)을 하지 않는 접촉 중, 성교 전에 하는 행동만을 분리해서 페팅 또는 네킹(necking)이라 부르고 있었다. 그들에 따르면 페팅이란 키스, 손에 의한 접촉, 유방의 애무, 손에 의한 성기의 자극, 유방흡인, 성기흡인 등 성기의 결합 이외의 접촉과 애무를 통틀어 일컫고 있다. 어느 조사에 의한 일본인의 페팅의 빈도는 〈표 5〉에 보인 것과 같다.

성교 예비행동은 굳이 인간만의 행동은 아니다. 인간 이외의 동물에서도 널리 이루어지고 있는 행동이다. 인간 이외의 동물에서는 이것을 모두 배우행동(配偶行動)이라고 부르고 있다. 이것에는 교미를 제외한 일체의 구애 행동이 포함된다. 물론 동물의 구애 행동은 종족에 따라서 다르다. 이를테면 많은 동물은 발정기에 들어가면 호르몬의 관계로 피부와 깃털의 색깔이 변한다. 색깔이 바뀌지 않더라도 성기를 상대에게 과시하는 행동을 취한다.

그림 60 | 다람쥐원숭이의 성기 과시 행동(MacLena, 1961)

이를테면 원숭이의 엉덩이가 빨개지는 「성피(性皮)」라든가, 〈그림 60〉에 나타낸 다람쥐원숭이의 성기 과시 행동 등이 이것에 해당한다. 이러한 과시 행동은 생물학에서는 페팅이라고 하지 않고 디스플레이(display) 또는 프레젠테이션(presentation)이라 부르고 있다.

동물의 성행동 중 하나인 디스플레이나 프레젠테이션은 집단생활을 영위하고 있는 가운데서 다른 동성에게 자기의 우위성을 나타내기 위한 것과 이성의 주의를 끌기 위해서 하는 행동이다. 따라서 이들의 과시 행동은 어느 집단에 신참내기가 들어왔을 때 특히 두드러진다. 또 이러한 디스플레이나 프레젠테이션 외에, 몸차림(그루밍)도 동물의 성교 전 예비 행동의 하나라고 생각되고 있다. 이처럼 동물사회에서도 몸짓, 손짓 등의 동작을 취하고 있는 것이다.

이러한 디스플레이나 프레젠테이션은 암컷보다는 일반적으로 수컷에서 두드러진다. 그것에 반해 암컷은 성기의 변화가 두드러진다. 또 이 프레젠테이션은 포유동물보다는 하등동물인 조류나 어류가 더 두드러진다.

동물의 과시 행동에는 괴상한 소리를 지르거나, 특유한 울음소리를 내는 행동이 있다. 언어를 갖지 못한 동물이 발성을 바꿈으로써 이성을 유혹하려는 것이다. 「깊은 산골로 단풍잎 헤쳐가며 우는 사슴의 울음소리를 들을 적에, 한결 더 구슬플손 가을이로다」라고 읊은 사슴의 울음소리도, 사실은 사슴이 이성을 찾아 우는 사랑의 노래였다. 옛날에는 무심한 인간이, 이 울음소리를 흉내 내어 만든 피리로 사슴을 꾀어내 죽였다고도 한다.

소리에 의한 프레젠테이션은 조류와 어류에서도 활발하게 행해지고 있다. 이성을 찾아 우는 꾀꼬리를 「봄을 알리는 새」라고 말하는데, 이때의 울음소리는 일종의 독특한 것으로 저 아름다운 소리와는 전혀 딴판인 러브콜인 것이다. 흔히 물고기를 가리켜 「물고기처럼 침묵한다」라든가, 해저의 세계를 「침묵의 세계」로 표현하고 있지만, 번식기의 물고기만큼이나 러브콜이 맹렬한 생물도 없다고 한다.

이처럼 디스플레이라든가 프레젠테이션이라고 일컬어지는 성교 전의 예비행동은 인간만이 아니라, 모든 생물에서 이루어지고 있는 것이다.

⚥ 성행동으로서의 성교

본능적인 요소만이 아니다

성교라고 하는 것은 남녀의 양 성기를 결합하는 것을 말한다. 그것에 필요한 육체적 조건으로는 발기, 음경의 질내 삽입 및 사정이 있다. 이것에다 오르가슴을 보태는 사람도 있었다. 그러나 이것은 생식생리학적인 필요조건이지, 사회적 또는 법률적으로는 사정도 오르가슴도 필요가 없다. 일반적으로는 성기의 결합이 있으면 이것을 성교라 부르고 있다. 성교 자체는 본능적인 행동이지만, 그 행동의 양식 패턴은 모두 경험적, 학습적, 후천적인 것이다. 그러므로 민족, 풍습 등에 따라서 여러 가지 패턴이 있다.

인간의 성교 양식은 성교의 체위에 따라서 어느 정도 표현되고 있다. 벨데와 킨제이의 조사에 따르면 인간의 성교 체위는 남성이 위가 되고 여성이 아래로 되어서, 얼굴과 얼굴을 마주 보고 하는 체위가 세계의 어느 민족에서나 공통적으로 가장 빈도가 높다. 벨데는 이것을 제1자세라고 불렀고, 디킨슨은 정상위(正常位)라고 불렀다.

인간은 사지가 자유롭기 때문에 체위도 다채롭다. 어느 학자는 정상위를 포함해서 62종류에 이르는 체위를 분류하고 있다. 그러나 성감대는 대

그림 61 | 쥐의 성행동(점선은 수컷)

부분 신체 앞면에 집중해 있으므로, 이것과 접하고 이것을 자극할 수 있는 체위가 인간에게는 뛰어난 체위라고 할 수 있다.

이것에 반해 동물의 교미는 생식만이 목적이기 때문에, 패턴은 동물의 종류에 따라서 다소 다르지만, 포유동물에서는 암컷의 후부서부터 행위를 하는 것이 단일 패턴이다. 이것을 쥐와 고릴라를 예로 들어 보이면 〈그림 61〉과 〈그림 62〉의 스타일이 된다. 동물의 교미 행동에는 로도시스(lordosis), 마운팅(mounting), 스러스팅(thrusting)이라는 세 가지 행동 패턴이 있다.

로도시스라는 것은 〈그림 61〉에서 점선으로써 표시한 부분으로, 주로 암컷의 성행동 패턴이다. 쥐는 암컷이 척추를 구부려서 앞다리와 뒷다리를 늘려 펴고, 둔부를 치켜들고 꼬리를 젖혀 음부가 드러나게 자세를 취

그림 62 | 고릴라의 교미 패턴(Beach)

한다. 일종의 반사행동일 것이라 말하고 있다. 이것은 암쥐의 발정 정도를 가리키는 지표로써 각종 호르몬의 검정 등에 사용되고 있다.

또 마운팅은 숫쥐의 성행동 패턴으로서 수컷이 암컷의 등에 올라탄다는 뜻이다. 스러스팅이란 암컷의 등에 올라탄 수컷이 몸을 전후로 세차게 움직이는 동작을 말한다. 쥐의 교미 패턴은 로도시스, 마운팅 그리고 음경 삽입, 스러스팅, 사정이라는 패턴으로 이루어진다.

원숭이나 고릴라에서는 인간의 성교 체위처럼 상당한 변화를 볼 수가 있다.

사회적 · 문화적 제약

역사적으로는 인간의 성교도 종족보존과 생식을 위한 행위라고 생각되어 왔기 때문에 여러 가지 사회적, 도덕적, 종교적 제약을 받고 있다. 이를테면 결혼하지 않은 남녀는 성교를 해서는 안 된다든가, 결혼한 사람은 남과 성교를 해서는 안 된다는 등이다. 또 부부간에도 여러 가지 제약이 있었다. 이를테면 월경 기간 중의 성교, 임신 기간 중의 성교, 출산 후의 젖을 먹일 때 성교의 금지가 그것이다.

또 종교적인 축제일이나 기념일, 이를테면 그리스도교의 사순절(四旬節), 유태교의 대제일(大祭日) 등에 성교가 금지되었던 때가 있었다.

또한 수렵이나 전쟁에 나가기 전, 곡물을 심기 전, 철의 제련(製鍊) 등 일정한 작업을 할 때도 성교가 금지된 시대가 있었다.

인간의 성교에는 이와 같은 제약이 있고, 오랫동안 터부시되어 왔기 때문에 국가나 민족에 따라서, 또는 전통적인 풍습에 따라서 과학적으로는 이해되지 않는 문제를 많이 포함하고 있다.

인간의 성교 빈도는 부부에 따라, 나이에 따라서도 가지각색이다. 또 민족에 따라서도 차이가 있다. 이를테면 아프리카의 어느 부족은 노인이라도 1주일에 7번의 성교를 하고 있다는 보고가 있고(마리안, 1971년), 반대로 앨슈러의 1971년의 보고에 따르면 젊은 부부라도 1주일에 2번이 많은 편에 속한다는 부족도 있다고 한다.

이처럼 인간의 성교 빈도는 개인차, 연령차 또는 문화의 차이 등에 따라서 구구하다. 최근에는 인간의 이런 성교 빈도 등에 대해서도 과학적인

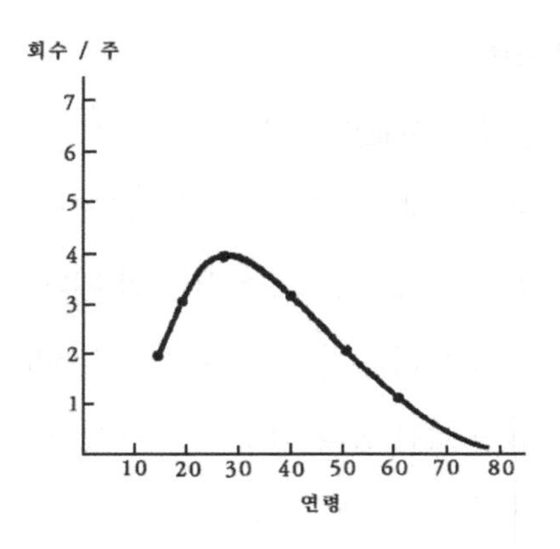

그림 63 | 연령별 성교 횟수(킨제이)

보고를 많이 볼 수 있게 되었다. 그중에서도 유명한 것이 킨제이에 의한 1948년의 연구 보고이다. 킨제이의 연구 보고에서 연령별로 본 인간의 평균 주당 성교 횟수를 살펴보면 〈그림 63〉과 같다.

파트너를 필요로 하지 않는 성행동

마스터베이션(masturbation)이란 성교와 다른 방법에 의해서 육체적인 쾌감이나 오르가슴을 얻는 일이다. 일반적으로 성행동에는 페팅이건 성교이건 상대, 즉 파트너가 필요하다. 그런데 마스터베이션은 상대를 필요로 하지 않는 성행동으로서, 인간에게서만 볼 수 있는 특유한 것이다.

다만 생물학자에 따르면, 손을 쓸 수 있는 인간 이외의 일부 고등동물에서도 학습을 통해 마스터베이션을 하는 경우도 있다고 한다. 그러나 진정한 의미에서의 마스터베이션을 하는 것은 인간뿐이다. 인간은 성교 이외의 방법으로 오르가슴을 획득할 수 있는 유일한 생물이라고 할 수 있다.

영어 masturbation이라는 말의 어원은, 라틴어의 「사람 또는 사나이」라는 뜻의 mas와 「떠들썩하게 하다」, 「마음을 어지럽히다」라는 turbo라는 글자가 합성된 것이라고 말하고 있다. 그러나 20세기에 들어와서 독일의 성과학자들이 손이라는 뜻의 마누스(manus)와 「더럽히다」 또는 「능욕하다」라는 뜻의 스투프로(stupro)를 합성한 것이라고 주장하기 시작했다.

마스터베이션이라는 성행동은 손만 사용해서 하는 행위로 한정할 수 없기 때문에, 그런 의미에서는 「손으로 더럽히다」라는 의미의 어원은 의미가 없다고 할 수 있다.

독일어에서는 「스스로 더럽히다」라는 뜻의 Selbstbefrecken이라는 단어가 있다.

일본어나 한국어에서는 수음(手淫), 자위(自慰), 자독(自瀆)이라는 말로 쓰여 왔는데, 이 단어들은 모두 어두운 이미지의 말이었던 것은 부정할 수 없다(역자 주: 순수한 한국어로는 "용두질"이라는 말이 있다).

또 오나니(Onanie)라는 말도 예로부터 사용되어 왔다. 이것은 『구약성서』의 「창세기」에 그 어원이 있다. 그중의 한 구절에 「유다(Judas)에게는 엘(Er)과 오난(Onan)이라는 두 아들이 있었다. 그러나 장남인 엘은 악인이었으므로, 주 여호와의 명에 의해서 죽임을 당했다. 그래서 아버지 유다는 차남인 오난이 형수 다말(Tamar)을 취하여 오난의 아이를 낳게 만들고

자 했다. 그러나 오난은 형수 다말과의 사이에 아이를 만들기를 싫어하여 정액을 땅에 쏟았다」라는 고사(故事)에서 유래한다. 이것은 말할 것도 없이 피임법에서의 질외사정(膣外射精)에 해당하며, 진정한 의미에서의 마스터베이션과는 다른 셈이다.

이와 같은 예를 통해 보면 파트너 없이 성교와는 다른 방법으로 육체적 쾌감이나 오르가슴을 얻는 성행동이라는 것은 역시 마스터베이션이라고 해야 할 것이다.

유해론의 역사적 배경

마스터베이션은 그 어원에서도 볼 수 있듯이, 오랫동안 부도덕하고 죄 많은 행위로 단정되어 왔다. 하지만 그리스도교 문화의 발생 이전까지 고대 그리스, 고대 인도 등의 사회에서 마스터베이션은 정상적인 성행동의 일종으로 생각되고 있었다고 한다. 그리스도교 문화가 되고서부터 그것이 죄악 행위로서 다루어지게 된 것은, 임신 가능한 남녀는 어떠한 정액의 방출도 용서되지 않으며 보존해야 한다는 생각에서 바탕한 것이라고 한다.

이러한 사상의 배경에는, 생식생리학(生殖生理學) 등이 아직 발달하지 못했었기 때문에 정액은 체내에서 만들어지는 것이 아니라, 출생 때 만들어진 것이 그대로 저장되어 왔다고 생각되었기 때문이다. 많이 낳고 많이 죽던, 특히 천재(天災)와 전염병에 의해 많은 인간이 죽어갔던 시대에서는 종족보존을 위한 정액의 온존이 필요했다. 그러므로 생식과 직접적으로

이어지지 않는 마스터베이션을 금지한 것도, 당시로써는 그 나름의 과학적 이유가 있었다고 할 것이다.

대부분의 의학자도 18세기경까지는 마스터베이션이 여러 가지 질병의 원인이 되는 것이라고 생각하고 있었다. 마스터베이션을 하면 뼈가 연해지거나, 등뼈가 휘어지거나, 혈액이 더러워지거나, 근육이 약해지거나, 시력이 떨어지거나, 머리카락이 빠지거나, 마음이 조급해지거나, 심할 경우에는 정신병이 되거나 한다는 이야기가 진지하게 논란이 되고 있었다. 그뿐만 아니라 불과 40~50년 전까지만 해도 과도한 마스터베이션은 노이로제가 되거나, 머리가 나빠지거나, 근시가 된다는 등의 이야기를 했고 또 그것이 믿어지고 있었다.

심신의 건강을 위해서

20세기도 중엽을 지나고서야 마스터베이션을 해도 해가 되지 않는다는 사실이 알려졌는데, 이는 엘리스와 크라프트 에이빙 그리고 프로이트 등 위대한 성과학자의 노력에 의해서였다. 오늘날에는 마스터베이션을 금지하기보다는 하게 하는 것이 심신의 건강에 유익하다는 주장을 하는 학자가 많아지고 있다.

특히 성적 욕구불만의 해소에는 마스터베이션이 가장 적합하며, 이로 인해 아무런 정신적, 신체적 장애도 일어나지 않는다는 것이 널리 일반적으로 알려지게 되었다. 사춘기의 성행동으로서의 마스터베이션을 금하는

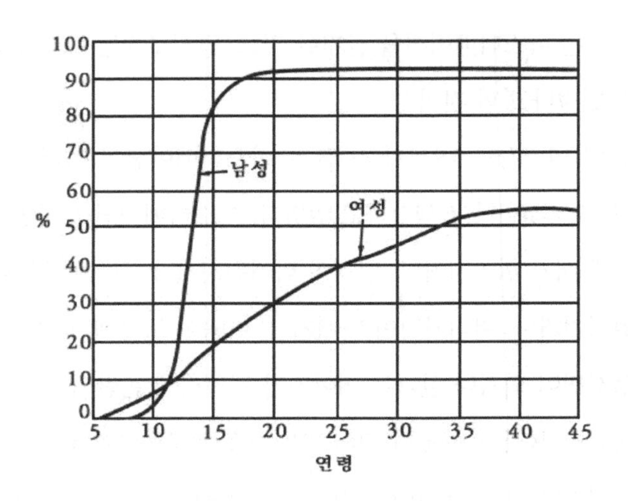

그림 64 | 연령과 마스터베이션 경험률(카렌)

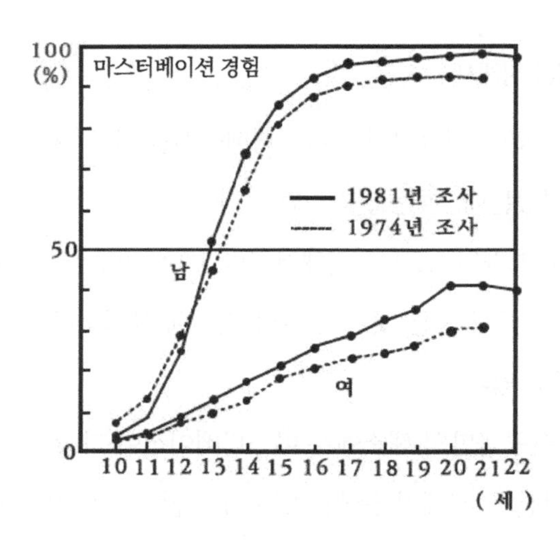

그림 65 | 사춘기 때 마스터베이션 경험률(일본 총리부 통계)

것은 오히려 자폐증(自閉症)을 가져오고, 침착성을 잃는 등 그 밖의 정신장애의 원인이 된다고까지 주장하는 사람도 있을 정도이다.

마스터베이션의 경험률은 〈그림 64〉에 나타냈듯이, 남녀 모두 5세쯤부터 경험한다. 특히 남성은 20세 정도가 되면 97%가 경험하고 있다. 그러나 여성은 완만한 곡선으로 상승하여, 20세 때는 30%가 경험하고 있다. 사춘기 남녀의 마스터베이션 실행 누적률은, 일본의 총리부(總理府)가 조사한 자료를 나타낸 〈그림 65〉에 나타낸 것과 같다. 그러나 최근의 조사에서는 남녀가 모두 이른 시기부터 체험하고 있으며, 특히 여성의 실행률이 높아지고 있다는 보고가 많다.

마스터베이션의 실행 횟수에는 개인차가 매우 많아서, 하루에 여러 번씩 수년에 걸쳐서 실행하고 있었다는 보고도 있다. 그러나 지금까지의 보고에서는 평균 1주일에 1~2번이라는 것이 가장 많다. 마스터베이션은 또 교육 정도가 높은 사람일수록 실행률이 높고, 도시화(都市化)가 진행된 지역의 사람일수록 실행률이 높다고 한다. 이것은 독특한 이 성행동이 문화와 깊은 관계가 있다는 것을 가리키고 있다.

마스터베이션을 하는 방법으로는 남성은 손으로 음경을 마찰하는 방법을 많이 이용한다. 그러나 소아나 여성은 손을 쓰는 것 외에 여러 가지 용구를 사용하는 사람도 있다. 최근에는 각종 윤활유가 사용되는 경우가 있고, 여성에서는 인공음경을 사용하는 경우도 있다.

이처럼 마스터베이션은 어찌 되었든지 간에 인간의 성발달 과정 중에서 통과하지 않으면 안 될 인간의 성행동의 하나라고 할 수 있다.

♀♂ 성행동을 규정하는 것

호르몬과 성행동

인간이 성호르몬의 직접적인 지배를 받는 것은 이미 설명한 대로 성징의 발달, 배란, 월경, 난포(卵包) 발육, 정자의 조성(造成) 등 성에서도 주로 생식현상에 관한 분야이다. 성충동이라든가 성행동은 성호르몬보다는 오히려 외계로부터의 자극, 파트너 등이 큰 영향을 끼치는 인자이다. 이는 인간은 대뇌피질이 잘 발달하여, 성중추인 시상과 시상하부를 조절하고 있기 때문이다. 그러므로 아직 대뇌피질의 발달이 충분하지 못한 유아나 소아, 또는 대뇌피질이 노화했거나 침범당한 인간은 정상에서 벗어난 성행동을 하는 경우가 있다. 따라서 인간에서는 성호르몬을 투여한다고 해서 성행동이 유발되는 일이란 없다.

월경 기간의 각종 성호르몬의 추이는 앞에서도 일단 언급한 바 있지만, 다시 살펴본다면 〈그림 66〉에 나타낸 것처럼 된다. 고나도트로핀인 LH, FSH는 모두 월경 중 간기가 피크이다. 또 난소로부터 분비하는 에스트로겐(estrogen)은 월경 후부터 차츰 증가해서 배란기 무렵에 높아진다. 프로게스테론(황체호르몬)은 배란기 이후에 차츰 증가하여 월경 직전에 피크에 달한다. 따라서 여성은 월경과 월경의 중간기 무렵이 다른 동물에서

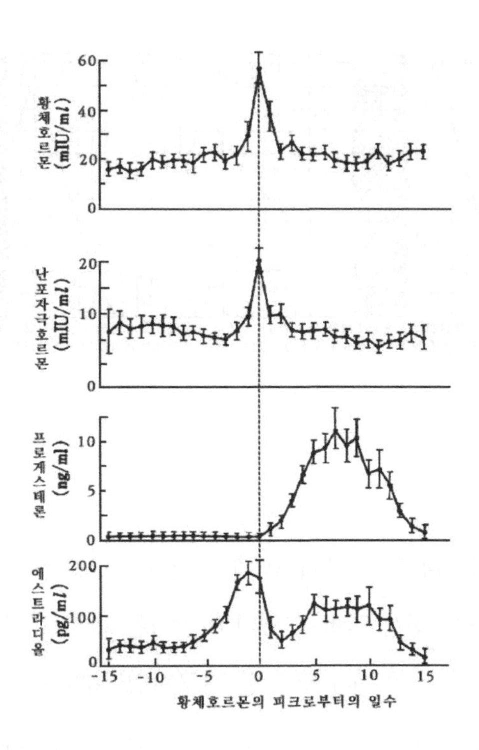

그림 66 | 월경 주기 중의 혈중 프로게스테론, 에스트라디올, FSH, LH의 농도(Mishell)

말하는 발정기에 해당하는 셈이다.

그런데 여성의 성행동 실태조사나 성욕을 느끼는 시기의 조사에 따르면, 배란기는 오히려 성행동이 적은 시기에 해당한다. 데이비스(W. M. Davis)의 유명한 「성욕의 바이오 리듬」에 따르면, 〈그림 67〉에 나타낸 것과 같다. 성욕이 매일 변화하는 그룹과 4일 간격으로 성욕을 느끼는 그룹을 조사한 바로는, 월경 직전, 직후에 성욕을 느낀다고 대답한 사람

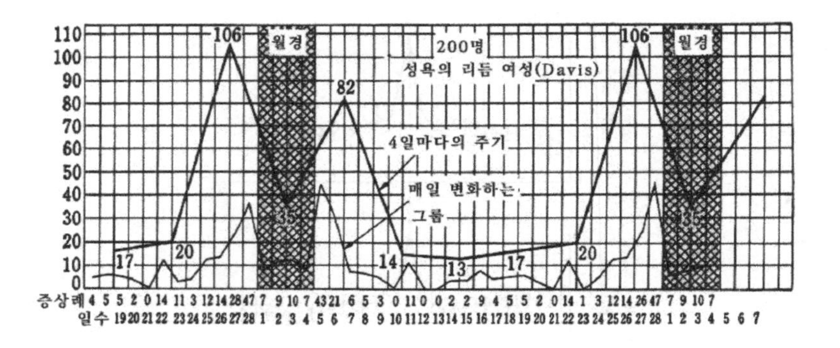

그림 67 | 성욕의 바이오리듬(Davis)

이 많았다. 월경 직전은 프로게스테론의 혈중농도가 높은데, 이와 관련해서는 성욕을 억제하는 작용이 있다고 말하는 학자도 있다. 그것은 최근에 프로게스테론을 주제(主劑)로 한 경구피임약(經口避妊藥) 필(pill: oral contraceptive pill의 약어)의 복용자 중 성욕이 감퇴하는 사람이 많다는 보고에 바탕한 것이다. 그렇다면 왜 데이비스의 「성욕의 바이오 리듬」에서 볼 수 있는 것과 같은 현상이 일어날까? 그것은 앞에서도 말했듯이 인간은 대뇌피질이 발달해 있어 월경이 호르몬에 의해서 일어난다고 생각하고 그것을 의식한다. 그로 인해 대뇌로부터의 지령에 의해서 성행동을 일으키거나 성욕이 높아지거나 하기 때문이라고 생각되고 있다.

월경이라는 현상은 성호르몬과 관계가 있지만, 그것이 증가했기 때문에 나타나는 것이 아니라, 호르몬 밸런스 중에서 혈액 속의 황체호르몬이 갑자기 감소하는 데서 일어나는 것이다.

월경과 같은 성주기가 없는 남성에게서도, 남성호르몬의 일중(日中) 리듬이 조사되어 있다. 남성호르몬의 하루의 혈중농도 추이를 살펴보면, 새벽녘부터 아침에 걸쳐서 혈중농도가 제일 높다고 알려져 있다. 그러나 남성의 성욕이 하루 중 새벽이나 아침에 가장 세다는 경우는 없다. 조조발기(早朝勃起)라는 현상은 방광이 가득 찼기 때문에 일어나는 반사성 발기이지, 성중추로부터의 지령에 의한 에로틱 발기가 아닌 것이다.

성호르몬에 지배되는 동물

이처럼 인간의 성행동은 성호르몬의 혈중농도와는 아무런 직접적인 관계가 없다. 그런데 인간 이외의 동물의 성충동과 성행동은 완전히 성호르몬의 혈중농도에 지배되고 있다. 인간도 생식에 관해서는 호르몬의 지배 하에 있지만, 동물은 성이 곧 생식이므로, 성행동도 완전히 성호르몬에 의해서 컨트롤된다.

이를테면 쥐는 난소를 제거하면, 성적으로는 전적으로 수컷을 받아들이지 않게 된다. 그러나 이같이 난소를 제거한 쥐에 에스트로겐을 투여하면, 급속히 성행동을 개시한다. 그런데 인간은 난소를 제거하더라도(월경이 없어지지만) 성욕이나 성행동에는 아무 영향이 없다. 만약 난소 제거에 의해서 성행동이 감퇴했다고 하면, 그것은 뇌로부터의 영향, 즉 심리적인 영향에 의한 것이다.

암쥐에게 남성호르몬을 투여해도 쥐는 로도시스 등의 성행동을 일으킨다. 이것은 남성호르몬이 뇌에서 에스트로겐을 대사하기 때문이라 말하고 있다. 또 숫쥐에 남성호르몬을 투여하면 마운팅 등의 성행동을 일으킨다. 이와 같이 성호르몬이 투여된 쥐는 뇌의 변연계로부터의 흥분이 대뇌피질을 경유하지 않고, 직접 중뇌척수를 거쳐서 이와 같은 로도시스나 마운팅을 발현시키고 있는 것이라고 생각된다.

쥐의 성기를 손으로 자극하면 역시 로도시스를 일으킨다. 따라서 동물의 로도시스 발현 메커니즘은, 인간과 마찬가지로 성호르몬과 더불어 외계의 자극에 의해서도 일어나는 것이다. 그러나 동물의 경우는 시각, 청각 등 대뇌피질을 경유하지 않는 자극으로써 성행동을 일으킨다는 것을 알 수 있다. 외계로부터의 자극에서는 발기라고 하는 성반응, 로도시스, 마운팅 등의 성행동을 일으키지만, 대뇌피질로부터의 자극에 의한 성반응과 성행동, 즉 에로틱 발기라는 것은 동물에게는 없다.

암쥐가 호르몬을 투여받고, 그 결과 로도시스를 일으키게 되는 신경메커니즘의 모식도는 〈그림 68〉에 나타낸 것과 같다.

이처럼 인간 이외의 동물에서는 성중추와 성호르몬이 있으면 성행동을 일으키는 것이 가능하며 대뇌피질이 발달했느냐, 아니냐는 것은 그다지 영향이 없다. 고양이를 사용한 실험에서는 대뇌피질을 제거해도, 성행동에는 그다지 변화가 나타나지 않는다. 그러나 이미 설명했듯이, 성중추인 변연계의 어느 곳을 파괴하면 성행동은 전혀 이루어지지 않게 된다.

이처럼 인간 이외의 동물에서 성행동은 전적으로 그 동물의 성호르몬의 혈중농도에 지배되고 있다. 쥐를 통해 실험해 보면, 암컷이 로도시스

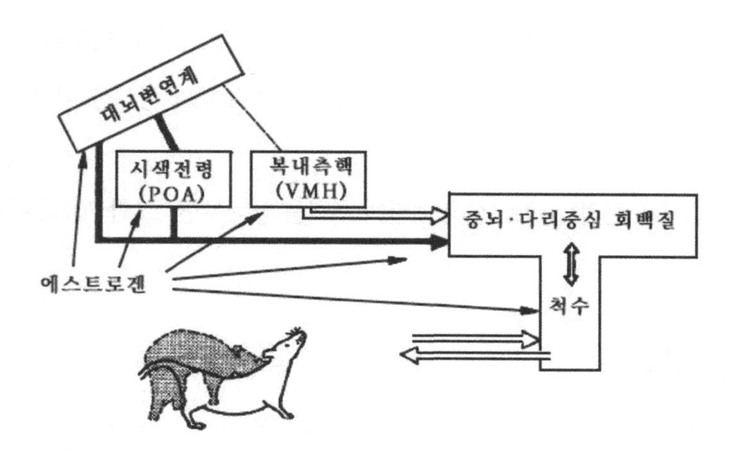

그림 68 | 암쥐의 로도시스 발현 신경 메커니즘의 모식도

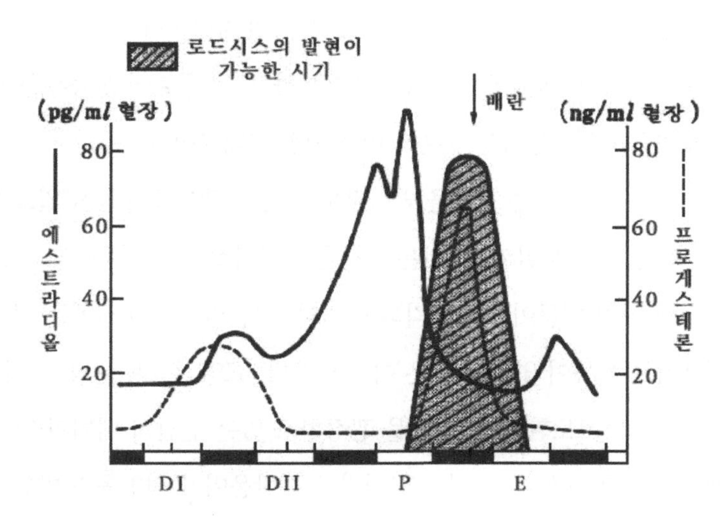

그림 69 | 암쥐의 성주기에 수반하는 혈중성 호르몬의 동태

를 일으키는 것은 〈그림 69〉에서 빗줄로 표시한 장소이다. 더구나 이 시기에 배란이 일어나고 있으므로, 쥐의 성행동은 모두가 생식을 위한 행동이라는 것을 알 수 있다.

암쥐와 숫쥐의 성행동 전체 패턴의 추이를 살펴보면 〈그림 70〉과 같다.

성행동과 외부자극

인간의 성행동 발현의 메커니즘은 성호르몬보다는 오히려 외부로부터의 자극과 파트너라는 것을 알고 있다.

이를테면 시각, 청각, 후각, 촉각 등 오관(五官)으로부터의 자극이며, 남자다운 남성, 믿음직한 남성, 정다운 말을 걸어 주는 남성, 또는 여자다운 여성, 아름다운 여성 등과 같은 파트너로부터의 자극이다.

이들의 자극에 의해서 대뇌피질이 흥분하고, 그 흥분이 성중추를 자극해서 성행동을 일으킨다는 것은 이미 설명한 그대로이다.

그러나 이러한 같은 자극을 받더라도 모든 인간이 성행동을 일으키는 것은 아닌데, 어째서일까? 그것은 인간은 대뇌피질이 다른 동물과 비교해서 발달해 있기 때문이라고 생각되고 있다. 인간의 대뇌피질에는 성중추를 억제하는 기능이 있다는 것은 이미 말했다. 교양, 학문, 윤리, 도덕, 종교, 사상 등의 고도한 정신 활동을 관장하고 있는 인간의 대뇌피질이 잘 발달해 있기 때문에, 같은 자극을 받아도 성반응이나 성행동의 발현방법에 각각 차이가 나타나는 것이다.

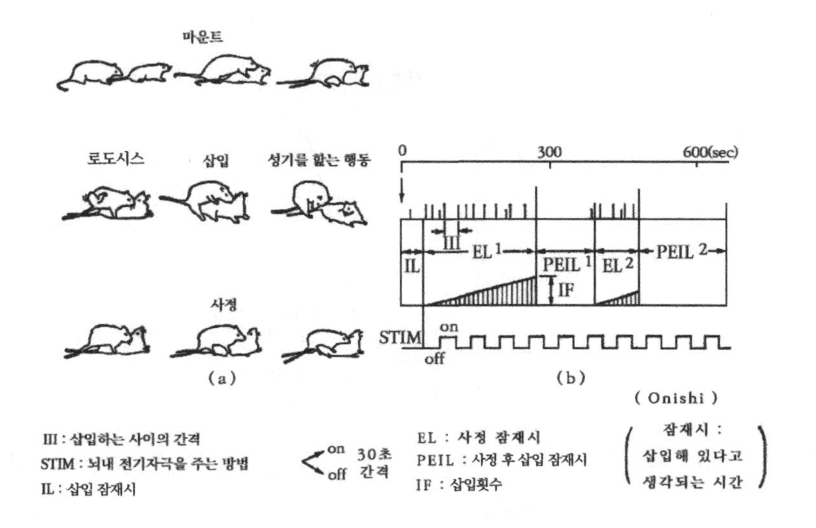

그림 70 | 쥐의 성행동 전체 패턴. (a): 숫쥐의 성행동(가느다란 막대 부분은 마운트)

인간 이외의 동물에 대해서도, 어떤 학자는 숫쥐의 안구를 도려내거나, 후구(嗅球)를 잘라내거나 코와 입에 연결되어 있는 신경을 절단하거나, 촉각을 차단하는 식의 실험을 하고 있다. 이런 실험에 따르면, 성경험이 없는 쥐에서는 시각, 후각, 촉각 중 어느 두 가지 자극이 없어지면 성행동이 나타나지 않는다는 것을 알았다. 그런데 성경험이 있는 쥐에서는, 이 세 감각자극이 모조리 저해되지 않으면 성행동이 발현한다는 것을 알았다. 특히 「냄새」에 대해서는 개, 고양이, 돼지, 염소, 원숭이, 쥐 등 거의 모든 포유동물의 성행동을 유발한다는 것을 알았다.

이를테면, 발정한 암컷의 질의 내용물을 발정기가 아닌 시기의 암컷

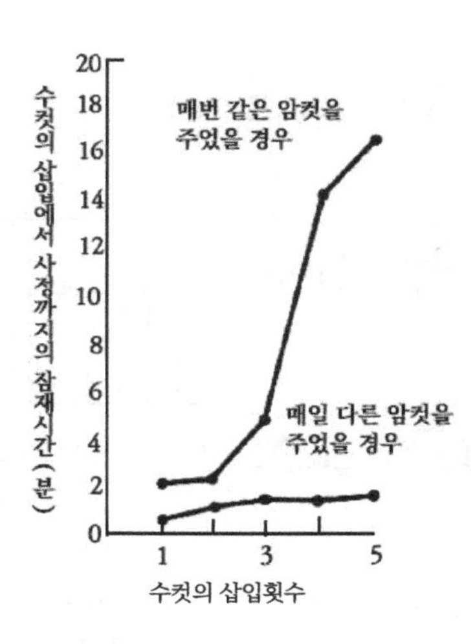

그림 71 | 쿨리지 효과(Beamer)

동물에 발라두면, 거의 모든 수컷이 마운팅을 한다는 사실이 알려져 있다. 그러나 성경험의 유무에 의해서 다소의 차이가 있는 것은 왜일까? 그것에 대한 상세한 것은 아직 모르지만, 뇌 안의 신경섬유의 배선이 다르거나, 성경험에 의해서 성자극 전도경로가 바뀌기 때문일 것이라고 생각하고 있다.

또 인간에서는 앞에서 말한 대로, 성자극 전도(性刺戟傳導)에 대해서 점증현상(漸增現象), 점감현상 등의 법칙이 인정되고 있다. 또 같은 자극을 오랫동안 반복하고 있으면, 반응이 무디어지고 반응이 나타나기 어렵다는 현상도 있다. 사실은 이것과 비슷한 현상이 동물의 성행동에서도 관찰되고 있다. 「쿨리지 효과」라고 불리는 것이 그것이다.

쿨리지(W. D. Coolidge) 효과라고 하는 것은 소나 염소 등의 가축에서 관찰된 것으로, 이를테면 한 마리의 암컷과 연속적으로 여러 번을 교미해서 사정한 수컷이, 이제는 그 암컷과는 교미하지 않게 되었다고 했을 때 새로운 암컷이 나타나면 다시 교미를 시작하는 것이다. 이러한 쿨리지 효과는 그 후 벵골원숭이 등에서도 관찰되고 있다. 벵골원숭이의 쿨리지 효과를 보면 〈그림 71〉과 같다. 이것도 생식과 종의 보존을 위해 신이 내린 법칙일지도 모른다.

인간의 성행동은 생식만이 목적이 아니지만, 이 쿨리지 효과와 흡사한 현상이 있다는 것은 이해되었으리라고 생각한다.

성행동과 신경전달물질

성충동 전달물질에는 도파민, 세로토닌, 아세틸콜린 등의 물질이 있다는 것은 앞에서 언급했다. 최근에 남성의 파킨슨병 환자에게 L-도파민을 투여함으로써, 그 사람의 성욕이 항진한다는 것이 보고되었다.

또 세로토닌은 반대로 인간의 성욕, 성행동을 억제한다는 것도 알려져 있다. 성인병의 증가와 수반해서, 고혈압 등의 치료에 이 물질이 쓰이는 일이 많아지고 있다. 그 때문에 중·고령자 중에 성행동이 억제되고 있는 사람이 증가하고 있다고 한다.

5장

성과 약물의 관계

성욕을 항진시키고 성능력을 높이며, 발기력을 증강시키고, 질의 분비물을 증가시키거나 오르가슴을 증강하게 할 만한 작용이 있는 약제를 미약(媚藥) 또는 최음제(催淫劑)라고 부르고 있다.

⚥ 최음제와 그 효과

최음제란 무엇인가?

성욕을 항진시키고 성능력을 높이며, 발기력을 증강시키고, 질의 분비물을 증가시키거나 오르가슴을 증강하게 할 만한 작용이 있는 약제를 미약(媚藥) 또는 최음제(催淫劑)라고 부르고 있다. 이 중에서 미약이라는 것은, 통속적으로 말하면 마력적 효과와 주술적(呪術的) 효과가 있는 것도 포함되어 있다. 일본에서는 예로부터 비약(祕藥), 불로회춘약(不老回春藥) 등으로 불리고 있었다.

도란드의 『의학대사전』에 따르면, 최음제(Aphrodisiacs)란 「성욕을 자극하거나 증강시키는 약」이라고 쓰여 있다. 한방의학에서는 보신약(補腎藥) 또는 보약(補藥)이라고 하는 것이 이것에 해당한다.

최음제의 역사

최음제는 인류의 역사와 더불어 모든 민족, 모든 인종, 모든 계급에서 찾고 있던 것이다.

고대 그리스 시대에는 성능력이야말로 인간의 최상 최고의 것이며, 특히 남성에게 있어서는 계급이나 신분을 나타내는 상징(status symbol)이었다. 자신의 아내조차 만족시키지 못하는 남성은, 사람 위에 설 자격이 없다고 말하고 있었다. 그 때문에 당시의 남성은 다투어 성능력을 인공적으로 높이려고 했다.

까마득한 예로부터 멕시코인은, 선인장으로 만든 술에 취하면 성능력이 높아진다는 것을 알고 있었다. 이것에는 오늘날 말하는 환각제(muscarine)가 들어 있었기 때문일 것이다. 또 예로부터 동서를 가리지 않고, 아편이 최음제로 사용되고 있었다.

『서유기(西遊記)』에 등장하는 삼장법사(三藏法師)가, 당 천축(唐天竺)까지 가서 구해 온 것 중에는, 고마운 경전(經典) 외에도 어쩌면 인도의 회춘약, 불로장수약이 들어 있었을지도 모른다.

그러나 이러한 미약과 최음제도, 오늘날에 와서 보면 대부분 아무 작용도 없는 것들뿐이었다. 그럼에도 지금도 이런 약이 비싼 값으로 거래되고 있다는 것은, 미신적인 효과 또는 플라세보효과(placebo effect)가 있기 때문이다. 그렇기 때문에 이런 미약에서는 효과에도 개인차가 있어서, 어떤 사람에게는 잘 듣지만, 어떤 사람에게는 전혀 효과가 없는 것이 많다.

어디에 작용하는가?

되풀이해서 말하는 것 같지만, 인간의 성중추는 대뇌의 변연계 속에 있다. 더구나 그것은 대뇌피질에 의해서 컨트롤되고 있다. 또 성충동이나 성행동 발현의 메커니즘도 성호르몬, 외부로부터의 자극 및 파트너에 의한 것이라는 것도 알고 있다. 따라서 근대적 최음제라고 하는 것은, 이와 같은 메커니즘에 적합한 것이어야 한다. 그러나 인간의 성행동은 이중의 성호르몬 이외의 외부로부터의 자극에 의한 것이 크므로, 특히 뇌의 성중추에 작용하는 것이 아니면 안 되는 것이다.

최근에는 향정신약(向精神藥)이라고 불리는 일련의 약제가 개발되어 있다. 이들 중에는 성욕을 항진시키거나, 반대로 그것을 억제하거나 하여, 뇌의 성중추에 작용하고 있는 것이라고 생각되는 것이 있다는 보고가 있다. 그러나 어떠한 메커니즘으로서 작용하고 있는지는, 뇌 안의 일에 대해서는 아직도 모르는 점이 많기 때문에, 장래의 연구를 기다려야 할 부분이 많다. 그러나 인간의 뇌에는 「혈액 뇌관문(血液腦關門)」이라고 불리는 관문이 있어서, 설사 그런 약제가 개발되더라도 혈액 속의 약제가 뇌로 흡수될지 어떨지는 모를 일이다.

그러나 성과학의 진보는, 차츰 성의 본질을 해명하는 길을 향해 발전하고 있으며, 가까운 장래에는 뇌에 작용하여 그 컨트롤을 통해서 성기능을 좌우할 각종 약이 개발될 것이라고 생각된다.

효과 판정의 기준

인간의 성욕이 항진했다든가, 반대로 감퇴했다고 하는 것은 도대체 무엇을 기준으로 판정하는 것일까? 성욕 자체에는 개인차가 있고, 같은 인간이라고 해도 그날그날에 따라서나 장소에 따라서 변동이 있으며, 또 성욕은 수량으로는 나타낼 수 없는 정동(情動)이다. 예로부터 남성의 성욕의 세기, 즉 성능력은 발기력, 성교 횟수에 의해 판정되고 있었다. 그러나 발기도 없는 수동적인 여성의 성욕은 어떻게 판정해야 하는 것일까? 이렇게 생각해 보면, 최음약의 효과 판정이란 지극히 곤란한 것임을 알 수 있다.

생물학, 생식생리학 등의 진보에 의해, 인간 이외의 동물에 대해서는 로도시스, 마운팅, 사정 등의 행동과 동작을 관찰할 수 있게 되었다. 또 인간 이외의 동물의 성적 흥분상태, 발정도 알게 되었고, 그것들의 발현상태에 의해서 사용한 최음제의 효과를 과학적으로 판정할 수 있게 되었다.

일찍이 성호르몬 특히 에스트로겐의 효과 판정에는, 암쥐의 질세포의 핵화현상(核化現象)이 사용되었다. 그러나 이것은 암쥐의 발정효과 판정에는 쓸 수 있어도, 숫쥐의 발정효과 판정에는 쓸 수가 없었다. 그러나 로도시스나 마운팅 등의 성행동을 기준으로 하면 수량적, 과학적인 판정이 가능하다.

이를테면 단위 시간 내에 마운트(mount)의 횟수의 증가, 로도시스의 발현 횟수나 강약, 사정 횟수 등에 의해서 그 약물의 최음효과를 판정할 수 있는 것이다.

현재, 암쥐의 효과 판정은 로도시스상(商) (LQ)로 나타낸다. 이것은 로도시스의 횟수를 수컷의 마운트 수로 나누어 100배 한 것이다. 또 수컷의 경우에는 마운트 횟수를 계산하는 것, 사정 직후는 암컷 위에 정지해 있으므로 그 사정 횟수를 조사해서, 단위 시간 내의 횟수에 의해서 판정할 수 있는 셈이다.

그러나 인간에게 사용했을 때의 효과 판정에는, 본인의 호소 이외에는 그 효과를 확인할 방법이 없다. 또 인간의 경우에는, 심리적 효과라는 것도 있어, 최음약의 효과를 과학적으로 판정하는 일을 더욱 어렵게 만들고 있다.

⚥ 최음제의 종류

성욕을 항진시키는 것

현재 미약이니 최음제니 하고 일컫고 있는 것은 참으로 다종 다양하다. 정신적인 기분전환약, 정신활동 고양제, 흥분제, 진정제, 각종 비타민제, 영양제, 강장제 등 모두가 회춘약, 최음제, 미약이라고도 말할 수 있다. 이 중에서 명확하게 실험동물에 발정을 일으키고, 성행동을 일으키는 물질이 진정한 의미로서의 최음제라고 할 수 있다. 이와 같이 성욕, 성충동을 높이는 약제는 현재로서는 극히 적다. 인간의 성욕이나 성충동은 지극히 복잡해서 생리적, 육체적인 요인 이외에 심리적, 정서적 요인에도 영향을 받는 경우가 많다. 그러나 인간 이외의 동물에서 그 성행동은 성호르몬의 혈중농도에 완전히 지배되고 있다.

에스트로겐은 암쥐의 로도시스 발현 횟수를 증가시킨다. 안드로겐은 수컷뿐만 아니라 암컷의 성행동에도 효과가 있다. 생물의 성생리 중에서는 남성호르몬은 매우 중요한 작용을 하는데, 성기의 발육, 분화, 성징의 출현, 성욕, 성행동의 고양과 항진 등에 특히 중요한 관계가 있는 물질이다.

인간에서는 성호르몬은 모두 체내의 여러 기관에서 생산되고 있다. 그 중에서 난소와 고환은 설사 그것이 제거되더라도, 성호르몬은 부신(副腎)

이나 기타 기관에서 대용 생산되고 성행동에는 아무런 영향을 주지 않는다. 그뿐만 아니라 말초 성호르몬이 감소하는 중·고령이 되면, 중추 성호르몬인 성선자극호르몬은 피드백 현상에 의해서 도리어 다량으로 분비된다. 그러므로 성호르몬 약은 인간의 경우, 중증인 내분비장애나 불임증 등에 대해서는 필요하지만, 건강한 인간에게 최음제로 사용한들 아무 효과가 없다. 도리어 남성호르몬을 대량으로 투여하면 고환이 위축하거나 에스트로겐을 대량으로 투여하면 암(癌)이 되거나 한다는 보고도 있다.

그 밖의 화학적 최음제

협심증의 치료에 사용하고 있는 아질산아밀($C_5H_{11}ONO$)이라는 약물이 있다. 이것이 인간의 성욕을 항진시킨다고 한다. 영국에서는 포퍼스라고 불리며 남성 동성애자 사이에서 애용되고 있다고 한다. 또 하이드라진이라고 하는 말초동맥평활근(末梢動脈平滑筋)에 작용해서 이것을 확장하는 성질을 가진 물질이 있다. 신(腎) 장애가 있는 고혈압증에 강압제로 사용되고 있는 것이다. 그런데 이 약을 복용하면 성능력이 왕성해진다는 말이 있다. 그러나 이 약은 심근증(心筋症)이나 협심증(狹心症)이 있는 사람에게는 쓸 수가 없다. 게다가 두통, 현기증, 심계항진(心悸亢進), 오심(惡心), 구토 등의 부작용이 있다.

그런 가운데서 뭐니 뭐니 해도 최근에 주목을 끌고 있는 것은 파킨슨병에 효과가 있는 L-도파(L-DOPA)라는 약이다. 앞에서도 말했듯이 도파민이라는 물질은, 혈액뇌관문(血液腦關門)을 통과하기 어려운 물질이다. 그런데 그 전구물질(前驅物質)인 L-도파는 이 관문을 잘 통과하고, 효소와 비타민 B_6에 의해서 뇌 안에서 도파민으로 바뀐다고 한다. 파킨슨병이라는 것은 앞에서 설명했듯이, 중뇌의 흑질신경세포(黑質神經細胞)가 퇴행해서 변성(變性)을 일으키는 병이다. 더구나 이 병에 걸리면 뇌 안의 도파민, 세로토닌, 노르아드레날린 등의 물질이 낮은 값이 된다고 한다. 정상적인 뇌에서는 아세틸콜린계의 물질과 도파민계의 물질이 밸런스를 유지하고 있는데, 파킨슨병이 되면 이 밸런스가 허물어지고, 도파민계의 물질이 저하된다고 말하고 있다.

L-도파를 투여함으로써 뇌 안에 도파민이 증가하여 밸런스가 회복되는 셈이다. 그러나 도파민이 증가하면 왜 성욕이 항진하는지 자세한 것은 아직 모르고 있다. L-도파는 또 여성에 대해서도 효과가 있다고 한다.

이 약은 이른바 향정신약(向精神藥), 즉 뇌의 중추에 작용하는 약제이므로, 인간의 본격적인 최음제로도 장래가 기대되고 있다.

뇌는 그 부위에 따라서 담당하는 기능이 다르다. 또 약물에 대한 감수성, 친화성도 부위에 따라서 다르다. 게다가 혈액뇌관문이니, 뉴런이니, 시냅스니 하는 뇌 안의 자극전달은 매우 복잡하다. 따라서 본격적인 인간을 위한 최음약이 개발되는 것은 쉬운 일이 아니라고 생각되지만, L-도파는 그 선구적 약제라고 말할 수 있다.

페로몬

곤충이나 어떤 종류의 동물에서는, 자신의 몸에서 분비하는 분비물에 의해서 암수의 확인, 이성의 유인, 교미, 배우행동 등을 하는 것이 있다. 이 물질을 페로몬이라고 한다는 것은 앞에서 설명했다.

미하이엘은 벵골원숭이 암컷의 성기 분비물로부터 이소낙산(iso 酪酸), 이소길초산(iso 吉草酸), 이소가프론산 등을 분리해서 그것을 다른 동물에게 발랐다. 그러자 수컷 벵골원숭이가 마운팅을 했다는 보고가 있었다. 인간의 질분비물이나 여성의 오줌 속 사향성 방향물질을 추출하여, 이것이 인간의 페로몬이라고 보고한 사람이 있지만, 현재로서는 확인되지 않고 있다.

고전적 최음제

고전적 최음제라고 일컬어지고 있는 것 중에는 어떤 인간에게는 효과가 있으나 어떤 인간에게는 효과가 없는 것도 많다. 또 동물실험에서는 성행동을 볼 수 없지만, 인간에게만 성욕을 항진시키는 것 등이다. 이런 것으로는 세계 각국에서 예로부터 여러 가지 것이 쓰이고 있다. 요힘빈(yohimbin), 한국인삼, 음양곽(淫羊藿), 사상자(蛇床子), 녹용, 합개(蛤蚧), 해마(海馬), 반묘(斑猫) 등이 그것의 대표적인 것들이다.

이것들은 주로 한방(漢方)에서 사용되는 것이 많고 진귀한 것, 비싼 것, 손에 넣기 힘든 것, 그로테스크한 것, 자극성이 있는 것 등으로 모두가 플라세보(placebo) 효과를 기대한 것들이다.

성욕을 억제하는 약제

성욕을 항진시키는 약제는 매우 적지만, 성욕을 억제하는 약제는 매우 많다. 대체로 인간이 병의 치료에 사용하는 약제의 태반은, 그 부작용으로서 성욕을 억제하는 작용이 있다.

뇌에 작용하는 것으로는 진정제, 마취제 등이 있다. 항(抗) 아드레날린 작용이 있는 약제에서는, 신경을 막아서 성기의 혈관이나 평활근(平滑筋)에 작용하고, 2차적으로 성욕을 억제하는 것이 있다. 이를테면 위궤양의 약, 녹내장(綠內障)의 약 등 항(抗)콜린제도 그런 작용을 한다. 또 고혈압의 치료에 사용되는 강압제는 대개가 성욕을 억제하는 작용이 있다.

최근에는 고령화사회(高齡化社會)의 도래와 더불어 성인병이 증가하고, 그 치료약을 장기간에 걸쳐서 사용하는 사람이 늘어나고 있다. 그런 약의 대부분은 성욕을 억제하는 작용이 있다. 이러한 문제의 해결은 앞으로 연구해야 할 과제이다. 유명한 가프란의 성욕 항진에 관계되는 약제와 억제에 관계되는 약제를 〈표 6〉과 〈표 7〉에 제시해 두었다.

표 6 | 성욕을 항진시키는 약제(가프란)

약제	효과와 작용기서	현재의 적응
A. 뇌중추에 작용하는 약제		
1. 호르몬류	중추신경 특히 성중추에 작용하여 성욕을 높이고 성반응을 고양	
안드로겐	남녀 양성의 성중추를 자극, 말초 성기를 자극, 발육, 기능항진	임포텐츠, 단백동화제, 유암
황체호르몬 및 에스트로겐	성욕을 항진시키지 않는다. 성에 대한 관심저하, 여성에게는 성기의 발육과 기능의 촉진	폐경기, 내막증, 월경이상, 피임, 전립선암, 수술 시의 발기예방
2. 신경전달계(Neurotransmitter)		
L-DOPA	뇌의 성중추에 대한 항세로토닌 효과	시험개발 중
PCPA(parachlorphenylalanine)	성욕 증진(?)	
3. 자극제		
암페타민	뇌중추의 자극, 소량에서는 성욕항진, 대량에서는 성욕감퇴, 전신쇠약	자극흥분제, 식욕항진제, 소아에서는 뇌장애
코카인	뇌중추자극 흥분작용, 소량에서는 성욕항진의 보고가 있음	의학적 적응 없음
스트리히닌	척수자극, 발기증진, 지속발기를 일으키는 일이 있음	의학적 적응 없음. 치사약
4. 환각제		
LSD		
마리화나		
DMT	대뇌변연계에 작용, 성욕, 오르가슴 항진작용이 있다는 학자와 sexuality와 무관하다는 학자가 있음	의학적 적응 없음. LSD만은 알코올 중독치료 시험 중
mescaline		
B. 성기에 관한 약제		
칸타리스	요도자극, 지속발기를 일으킴	의학적 적응 없음
아질산알루미늄	성기의 혈관을 확장, 오르가슴항진(?)	혈관확장, 협심증

표 7 | 성욕 억제작용이 있다고 생각되는 약제(가프란)

약품	성과의 관계	임상적응
A. 뇌에 작용하는 것	원칙적으로는 성욕, 성반응이 감퇴함	
1. 진정제 알코올 바르비탈	소량은 중추신경계의 억제 대량에서는 신경장애	최면, 진정제
2. 마취제 헤로인 모르핀 코데인	일반적으로는 중추신경계를 억제, 성중추의 억제(?)	마취제
3. 항남성호르몬 에스트로겐	뇌 및 성기에 대한 안드로겐의 작용에 길항함.	폐경 후, 전립선암
4. 부신계 스테로이드 코티존 ACTH		알레르기, 염증성 질환에 사용
5. 알닥톤 스피로노락톤	불명	부종, 고혈압증 고혈압증
B. 성기에 작용하는 것	항아드레날린 작용약의 일부에는 신경을 장애하거나, 평활근이나 성기의 혈관에 작용하여, 2차적으로 성욕을 억제하거나 성반응을 억제함	
1. 항콜린성약제 반사인 프로반사인 아트로핀	아세틸콜린의 작용에 길항, 임포텐츠, 발기를 억제, 성욕에는 변화가 없음	소화성 궤양, 운동장애, 녹내장 그 밖의 눈의 장애
2. 항아드레날린 레기틴 에르고메트린 이스메린 레제르핀 α-메틸도파	아드레날린 생산신경을 장애, 사정에 영향을 끼친다.	고혈압증 말초 혈관장애의 치료

6장

성의 정상과 이상

성의 정상이라는 기준, 이상이라는 기준은 모두 인간에 의하여 만들어진 것이다.

오늘날에는, 인간이 실제로 하는 성행동은 모두 정상이라고 생각하는 추세이다. 그러나 그것이 모든 문화에서 허용되고, 그 나라의 법률로 인정되고 있느냐고 하면 반드시 그런 것만은 아니다.

♀♂ 정상과 이상, 그 기준

판단하는 수단의 어려움

성의 정상과 이상은 무엇을 가리켜서 말하는 것일까?

성욕, 성충동이라고 하는 정신적 에너지는, 식욕과 같이 고정된 영속성을 지니지 않고, 또 그것을 금지해도 직접으로는 생명에 위험을 미치지 않는 것이다. 그러므로 성은 인간에게 있어서는 2차적인 생리적 욕구라고도 할 수 있다. 식욕이나 수면과 같은 기본적인 욕구조차도 그 발현방법, 세기, 만족의 정도, 만족시키는 방법 등 개인과 인종, 시대, 문화 등에 따라서 달라진다. 성욕에 대해서도 같은 말을 할 수 있는데, 성욕의 세기와 나타나는 방법, 만족시키는 방법 등 어느 것이 정상이고, 어느 것이 이상이라는 것으로 결정하는 일은 매우 곤란하다.

정상이냐 이상이냐를 결정하는 방법으로 흔히 통계적 수법이 사용되는 일이 있다. 이를테면 남성의 95%가 마스터베이션의 경험이 있다고 하면, 남성의 마스터베이션은 정상적인 성행동의 하나라고 할 수 있게 된다. 또 남성의 85%는 혼외성교(婚外性交)의 경험이 있다고 하게 되면, 그 집단에서는 남성의 혼외성교도 정상적인 성행동이 된다.

그러나 이와 같은 평균치적, 통계적 정상, 이상의 결정 방법은 집단에 따라서나 문화에 따라서도 다른 것임을 알아 둘 필요가 있다. 이를테면 펠라티오(fellatio)라든가 쿤닐링구스(cunnilingus) 등의 성애(性愛) 기술은 서구에서는 정상적인 성행동이다. 그러나 일본에서는 이상 성행동이라고 하고 있었다. 또 미국에서도 전에는 호모섹스(동성애)가 이상이라 하여 법률로 금지하고 있었다. 그러나 최근에는 법률로 그것을 금지하고 있는 주가 줄어들고 있다.

성의 정상, 이상을 결정하는 또 하나의 기준으로서 양적인 것에 의존하려는 입장도 있다. 이를테면 인간의 생리적 욕구 중에서, 식욕은 열량으로 환산하여 결정할 수가 있다. 즉 보행에서는 얼마, 달리기라면 얼마, 수영이라면 얼마로 그 행동에 필요한 칼로리로 산출할 수가 있다.

그러나 같은 정신적 에너지라도 성욕은 객관적으로 계량(計量)할 수가 없다. 일찍이 남성의 성욕을 성욕이 전혀 없고 발기 불능인 것에서부터, 언제 어디서건 자유로이 발기할 수 있고, 또 의지에 의해 억제할 수 있는 사람까지를 10단계로 나누어, 0호에서부터 10호까지 그 능력을 수량적으로 나타냈던 학자가 있었다. 그러나 발기를 수반하지 않는 여성의 성욕에 대해서는 어떻게 결정해야 할 것인지, 이 방법으로는 알 수가 없다.

성의 정상, 이상을 결정하는 또 하나의 방법은, 성행동의 발현방법과 그 내용의 정상, 이상에 의한 방법이다. 즉 질을 문제로 삼는 것이다. 성의 질적 이상으로는 성 대상의 이상과 성욕을 만족시키기 위한 수단의 이상으로 구별되고 있다.

무엇을 가리켜 정상이라고 하는가?

정상적인 성이라고 한마디로 말하지만, 문화에 따라 또 같은 문화라도 시대에 따라서 또는 특정한 문화, 특정한 시대에 있어서도 개인이나 집단에 따라서 크게 다르다는 것을 여러 번 언급했다.

이를테면, 남태평양의 어느 섬에서는 19세기에도 독신 남녀의 성교는 자유이고 아무런 속박도 받지 않았다. 중세의 그리스도교 문화에서는 미혼자의 성행동은 엄격히 금지되고 순결이 존중되고 있었다. 특히 가톨릭의 교리(教理)에서는 인공 임신중절이나 수태 조절 등 생식을 제한하는 행위도 죄악 행위로 금지되어 왔다.

이처럼 성의 정상이라는 기준, 이상이라는 기준은 모두 인간에 의하여 만들어진 것이다.

오늘날에는, 인간이 실제로 하는 성행동은 모두 정상이라고 생각하는 추세이다. 그러나 그것이 모든 문화에서 허용되고, 그 나라의 법률로 인정되고 있느냐고 하면 반드시 그런 것만은 아니다.

현재, WHO의 정의에 따르면 정상적인 성이란 아래와 같은 조건을 충족시키는 것이라고 하고 있다.

① 두 사람이 서로의 동의 아래서 프라이빗하게 행하는 것일 것.

② 타인에게 불쾌감을 줄 만한 것이어서는 안 될 것.

③ 생리학적 필요성과 특징으로 정의되어 있을 것.

이것은 좀 알기 어렵지만, 동성애나 마스터베이션뿐만 아니라 종의 보존에 공헌하는 행동, 생식에 도움이 될 행동이어야 한다는 것을 의미하고 있다.

④ 당사자의 정동적(情動的) 성숙을 반영한 행동일 것.

이 개념이 가장 난해한데, 이것은 신체적으로 건강한 동시에, 정동적으로도 건강해야 할 필요가 있다는 것이다. 정동이 미발달, 미성숙한 사람의 성행동은 정상이 아니라고 한다. 즉 너무 어린 사람의 성행동은 정상적인 성행동이 아니라는 것이다.

⚥ 성의 이상과 그 종류

성의 양적인 이상

어느 집단, 어느 인종, 어느 시대 속에서 통계적으로 볼 때 정상적인 범위에서 두드러지게 동떨어진 것을 성의 이상이라고 말하고 있다.

성의 이상에는 양적 이상과 내용의 이상, 즉 질적 이상이 있다. WHO에서는 성의 이상을 「성의 일탈(逸脫)」이라 부르고 있는데, 여기서는 이상이라고 말하기로 한다.

성의 양적 이상에는 성욕의 이상항진과 성욕의 이상감퇴가 있다. 그렇다면 성욕의 이상항진이란 어느 정도의 것을 말하는 것일까?

일찍이 하루 세 번의 성교를 10년 가까이에 걸쳐서 계속하고 있는 부부를 진찰한 적이 있다. 이 경우는 아내가 불임을 호소하여 온 환자였다. 이 증상례에서는, 남편 쪽은 아무런 고통도 피로도 호소하지 않고 아내가 고통을 호소한 것이다. 이런 예를 이상이라고 해야 할지, 아니라고 해야 할지, 건강상 아무런 지장도 없고 이런 것은 혹은 일탈이라고나 해야 할 것인지도 모른다.

그러나 이와는 반대의 경우, 즉 1년 동안에 몇 번, 심한 경우에는 1년에 한 번의 성교도 하지 않는다는 젊은 부부도 있다. 이와 같은 성욕의 이상감퇴는 자주 볼 수 있는 일이다. 신체적으로 이상이 발견되는 일도 있지만, 아무런 특별한 이상이 발견되지 않는 일도 있다. 이와 같은 개인적 이상, 남에게 어떤 폐도 끼치지 아니하는 이상은, 일탈이라고 해야 할 것인지, 정상이라고 해야 할 것인지, 아무런 수량적 기준을 갖지 않는 현대의 의학에서는 매우 어려운 문제이다.

성의 양적 이상에는 감각, 즉 성감의 이상이 있다. 이것에도 성감의 이상항진과 성감의 이상감퇴가 있다. 성감이 이상적으로 항진하고 있는 증상 중에는 한 번의 성교 중 여러 번 혹은 10번 가까운 오르가슴을 경험하고, 피로 때문에 일에 지장을 가져온다는 사람도 있다. 젊은 여성에서는 성경험을 쌓으면, 한 번의 성교 중 2~3번의 오르가슴을 경험하는 것은 오히려 정상이며, 이것을 이상으로 다루는 학자는 없다. 이런 현상을 멀티오르가슴이라고 한다는 것은 이미 설명한 바 있다.

성욕의 이상감퇴에는 남녀 모두 단순히 성감이 감퇴하고 있는 성감부전, 또는 성감감퇴와 성감은 보통인데도 최후의 오르가슴만이 없는 오르가슴 결손증, 또는 오르가슴 불능증이라는 것이 있다. 인간의 성감은 나이에 따라서 생리적으로 감퇴하며, 환경이나 주위의 조건에 따라서도 변화하는 것이다. 그러나 여성 중에는 출생 후 한 번도 오르가슴을 경험하지 못하고, 언제 어떤 상대와도 오르가슴에 도달하지 못하는 사람도 있다. 이것을 불감증, 냉감증 등으로 부르고 있다. 이 용어는 혼동을 가져오기 쉬우므로, 오르가슴 결손증 또는 오르가슴 불능증이라고 부르고 있다. 이것은 성욕감퇴, 성감부전과는 전혀 다른 것이다.

이런 여성이 얼마나 있는지는 분명하지 않고, 또 각각의 조사에 따라서도 매우 격차가 있다. 일본에서는 여태까지의 여러 가지 보고를 통해서 추측한 결과 결혼한 여성 중 7~8%에서 10% 정도가 위와 같은 경험을 하고 있다고 생각하고 있다.

성의 질적인 이상

성의 질적 이상에는, 성 대상의 이상과 성 만족 수단의 이상의 두 가지가 있다. 또 이 성의 질적 이상을 가리켜 일본에서는 예로부터, 변태성욕이라든가 성적 도착(性的 倒錯)이라고 말해 왔다. 여태까지는 주로 정신의학적으로 연구되고 있었지만, 앞으로는 그뿐만 아니라 심리학적, 내분비학적 그리고 사회학적으로도 연구되지 않으면 안 될 문제이다. 더구나 이것은 인간에게서만 볼 수 있는 성행동의 이상이다.

이 가운데서 성 대상의 이상이라는 것은, 성적 매력을 느끼는 상대방(사람), 물체 또는 상태의 이상을 말한다. 그러므로 성 대상의 이상에는 다음과 같은 여러 가지 것이 있다.

자기애(自己愛: narcism), 동성애(同性愛: homosex), 복장도착(服裝倒錯: transvestism), 소아애(小兒愛: pedophilia), 노인애(老人愛: gerontorogy), 수애(獸愛: sodomy), 근친애(近親愛: insist), 사체애(屍體愛: necrophilia), 배물애(拜物愛: fetishism) 등이 있다.

성 대상 이상 중에는, 상대가 납득하고 하는 것이 있는가 하면, 프라이버시도 지켜지고 있고, 남에게 폐를 끼치지 않는 것도 있어 WHO의 정상 범위에 들어가며, 정상과 이상을 구별할 수 없는 것도 있다.

이를테면 자기애라든가, 동성애라는 등의 것이 그것이다. 앞에서도 말했듯이 남성이 왜 여성을 좋아하고, 여성이 왜 남성을 좋아하는지 그 메커니즘은 아직 과학적으로는 해명되지 않고 있다. 따라서 남성이 여성을 좋아하는 것이 정상이고 여성이 여성을 좋아하는 것이 이상이라고 단정해 버릴 수는 없다. 다만 통계적으로 많은 민족이 그러하므로 정상으로 치고 있을 뿐이다. 내분비학적으로도, 형태학적으로도, 성격적으로도 모든 인간은 남녀 쌍방의 형질을 갖추고 있으므로, 이성애도 동성애도 생각하기에 따라서는 같은 것이다.

먹는 것에다 비유하면, 단순히 좋아하고 싫어한다는 것일까? 고기를 좋아하는 것은 이상이다. 생선을 먹는 인간은 식욕이상이다,라고는 말하지 않는 것과 같다. 게다가 WHO에서는 이상이라고 말하지 않고, 평균치에서 동떨어진 것을 「일탈(逸脫)」이라고 부른 것이다.

성 만족 수단의 이상에는 노출증(exhibitionism), 쟁시증(瞠視症: scopophilia), 가학음란증(加虐淫亂症: sadism), 자학음란증(自虐淫亂症: masochism) 등이 있다. 이런 이상은 자신의 성욕을 만족시키기 위한 수단으로 보통의 성행동에 의하지 않고, 남에게 폐를 끼치는 방법으로 자신의 성을 만족시키고 있는 것이다.

⚥ 성의 이상은 어떻게 일어나는가?

후천적 요소가 크다

성 이상은 대부분 후천적인 원인에 의한 것이다. 그러나 동성애에는 유전적 성질이 있다고 말하는 학자도 있다. 또 수정 때 생긴 염색체의 이상이 출생 후, 이상 성행동을 일으킨다고 말하는 학자도 있다. 그러나 이상 성행동을 일으키는 사람의 염색체가 모두 이상이라는 경우도 없고, 이상 성행동이 출생 전에 어떤 원인이 있었다는 증거도 현재로는 없다.

또 최근, 생화학자 중에는 발육 중 태아의 뇌가 어떤 호르몬의 작용을 받았을 경우, 출생 후에 성의 일탈 행동을 가져오는 것이 아니냐고 말하는 사람도 있다. 그러나 어느 것도 다 추리의 범위를 벗어나지 못하며, 오늘날에는 이상 성행동의 원인은 대부분 출생 후의 원인에 의하는 것이라 생각되고 있다. 이상 중에서 양적(量的) 성 이상에 대해서는 선천적인 내분비질환에 의한 것도 있으므로, 후천적 원인이 전부라고 단언할 수는 없다. 그러나 질적 이상에 대하여는 후천적인 원인이 주다.

질적 이상 성행동이 발생하는 요인의 하나로 문화적인 것을 들 수 있다.

야생동물을 출생 후 바로 양친에게서 떼 내어 집단으로부터 격리하여 사육한다. 성숙한 후에 다시 집단으로 돌려보내면, 그 동물은 성행동을 원활하게 하지 못한다는 것이 관찰되고 있다. 마찬가지 일은 인간에서도 실험되고 있는데, 출생 직후 밀림 속에서 자라난 인간이 사회생활로 복귀했는데 성교방법조차 몰랐다고 한다.

인간은 모두 자기가 생활하고 있는 문화권 속에서 성에 대한 가치관을 발견하고 있다. 이 공통의 가치관이 성행동이나 성습관에 나타나며, 그 가치관에서 벗어난 성행동은 다른 인간이 봤을 때 이상한 것으로 보이는 셈이다.

정서장애와 이상 성행동

이상 성행동의 원인 중 하나로 정동적(情動的) 원인이 있다. 문화적 조건과 생물학적 조건이 얽힌 경우, 이상한 성행동을 일으키는 일이 있다. 성행동은 정동행동의 하나이므로 당연한 일이다.

이를테면, 양친의 문화권과 자식들의 문화권이 다르다고 하는 것은, 현대와 같은 시대에서는 언제나 생각할 수 있는 일이다. 그 경우, 어버이는 독단적으로 자기들의 성에 대한 가치관을 강요하고 자식들의 자발적인 성행동을 억압하려 한다. 그렇게 되면 자식들은 그것에 반발하거나 이상 성행동으로 치닫게 된다.

또 성에 대한 죄의식이 성의 이상행동을 일으키는 경우도 있다. 아이들은 일찍부터 양친의 성에 대하여 학습하고 있다. 또 아이들은 어릴 적부터 자기의 성기를 만지작거리거나 하는데, 이 행동에 대해 양친이 어떻게 대처하느냐에 따라 그 순간부터 그 아이가 성에 대해 특별한 의식을 갖게 된다. 따라서 어버이가 자식의 성교육을 그르치면 아이는 성에 대하여 죄의식을 가지게 된다. 그렇게 되면 이후에 그 아이의 성행동에 영향을 미치게 된다.

이상 성행동을 일으키는 또 하나의 원인은 성에 대한 열등감과 모순감이다. 서로 만족할 수 있는 이성관계를 가지는 데 필요한 성숙한 감정을 얻기 위해서는, 사랑을 받을 만한 가치가 있다는 확고한 의식을 갖지 않으면 안 된다. 이 자기 평가의 기초는, 아이들과 양친의 초기 관계 가운데서 획득되는 것이다. 만약에 이것이 충분하지 못하면, 자기애라든가 동성애 등의 이상 성행동으로 되는 셈이다.

성에 대한 공포도 이상 성행동의 원인이 되는 경우가 있다. 지나치게 성에 대한 두려움을 교육하면 정상적인 성행동에 대해서도 공포를 갖게 되고, 성 대상의 이상, 만족을 위한 수단의 이상 등을 일으키는 경우가 있다.

마지막으로 아이들에게서 본 양친의 모습이다. 아이들의 어머니가 경멸할 여성이라든가, 아이들의 아버지의 성 행동이, 그 아이들이 실망할 만한 것이었다고 할 경우, 그러한 아이들이 성장하면 이상한 성행동으로 치닫기 쉽다. 이런 경우에는 아이들은 한평생 성을 증오하게 된다.

후기

인간의 성이란 무엇인가? 성의 결정은 언제, 어떻게 하여 이루어지는가? 성충동이나 성행동의 메커니즘은 어떻게 되어 있는가? 성의 정상과 이상이란 무엇인가? 등등에 대하여 될 수 있는 한 과학적으로 알기 쉽게 설명했다고 생각한다.

인간의 성은 일부는 수정의 순간에 결정되지만, 그로부터 이후의 발육, 분화과정에서도 크게 변화한다는 것을 알게 되었다. 또 인간의 성충동이나 성행동에는 성호르몬, 외부로부터의 자극 및 파트너가 관여하고 있다는 것도 알았다.

그중에서 성호르몬이 관여하고 있는 것은, 인간에서는 주로 생식에 관한 부분뿐이다. 그 이외의 인간의 성에 관해서는, 외부로부터의 자극과 파트너라는 것도, 인간과 동물의 성 차이의 특징이다.

성중추도 성감중추도 성에 관한 중추는 모두 뇌 속에 있다. 성호르몬의 자극도, 외부로부터의 자극도 모두 뇌를 경유하여 전달되고 있다. 따라서 성충동이나 성행동의 발현도 모두 뇌에 의해 이루어지고 있다. 그런 의미에서 인간의 성은 뇌라고 말할 수 있다.

따라서 성을 과학적으로 연구한다는 것은 곧 뇌를 과학적으로 연구한다는 것이 된다. 뇌의 연구는 최근에 두드러지게 진보했다고는 하나, 아직도 잘 모르는 일이 더 많다. 특히 일본에서는 성이 오랫동안 일체 터부시되었기 때문에, 뇌와 성의 연구도 이제부터라고 하겠다.

의성(醫聖) 히포크라테스(Hippokrates)는 「사람은 뇌에 의해서만 기쁨도, 즐거움도, 괴로움도, 슬픔도, 눈물도 나온다는 것을 알아야 한다. 특히 우리는 뇌가 있기 때문에 생각하고 보고 들으며, 아름다움과 추함을 알고, 선악을 판단하고, 쾌·불쾌를 느끼는 것이다」라고 말하고 있다.

바꿔 말하면 우리 인간은 뇌, 즉 성이 있기 때문에 괴로워하고 슬퍼하며 그리고 기뻐할 수가 있는 생물이다. 이것이 인간의 성과 동물의 성의 차이이다.

인간은 뇌가 건전하면 성 또한 건전하다. 반대로 성이 건전하다는 것은 뇌도 건전하다는 것이 된다.

이처럼 인간의 성은, 그 인간이 건강한 한, 생애에 걸쳐서 계속되는 것이다. 그러나 육체적으로는 나이를 먹음에 따라 성기 기타의 해부학적 노화가 일어난다. 그 경우 성기의 결합이 어려워지는 경우가 있다.

그러나 인간의 성은 뇌이기 때문에, 성기의 결합만이 인간의 성행동은 아니다.

성이라는 한자 「性」은 마음과 몸을 의미하고 있다. 더구나 마음과 몸이 접합한 것이 즉 「성」이라는 글자이다. 따라서 인간의 성이란 다소 비과학적인 표현이기는 하지만, 마음과 몸의 접촉이라고도 할 수 있을 것이다.

도서목록
- 현대과학신서 -

A1 일반상대론의 물리적 기초
A2 아인슈타인 I
A3 아인슈타인 II
A4 미지의 세계로의 여행
A5 천재의 정신병리
A6 자석 이야기
A7 러더퍼드와 원자의 본질
A9 중력
A10 중국과학의 사상
A11 재미있는 물리실험
A12 물리학이란 무엇인가
A13 불교와 자연과학
A14 대륙은 움직인다
A15 대륙은 살아있다
A16 창조 공학
A17 분자생물학 입문 I
A18 물
A19 재미있는 물리학 I
A20 재미있는 물리학 II
A21 우리가 처음은 아니다
A22 바이러스의 세계
A23 탐구학습 과학실험
A24 과학사의 뒷얘기 1
A25 과학사의 뒷얘기 2
A26 과학사의 뒷얘기 3
A27 과학사의 뒷얘기 4
A28 공간의 역사
A29 물리학을 뒤흔든 30년
A30 별의 물리
A31 신소재 혁명
A32 현대과학의 기독교적 이해
A33 서양과학사
A34 생명의 뿌리
A35 물리학사
A36 자기개발법
A37 양자전자공학
A38 과학 재능의 교육
A39 마찰 이야기
A40 지질학, 지구사 그리고 인류
A41 레이저 이야기
A42 생명의 기원
A43 공기의 탐구
A44 바이오 센서
A45 동물의 사회행동
A46 아이작 뉴턴
A47 생물학사
A48 레이저와 홀러그러피
A49 처음 3분간
A50 종교와 과학
A51 물리철학
A52 화학과 범죄
A53 수학의 약점
A54 생명이란 무엇인가
A55 양자역학의 세계상
A56 일본인과 근대과학
A57 호르몬
A58 생활 속의 화학
A59 셈과 사람과 컴퓨터
A60 우리가 먹는 화학물질
A61 물리법칙의 특성
A62 진화
A63 아시모프의 천문학 입문
A64 잃어버린 장
A65 별・은하・우주

도서목록

- BLUE BACKS -

1. 광합성의 세계
2. 원자핵의 세계
3. 맥스웰의 도깨비
4. 원소란 무엇인가
5. 4차원의 세계
6. 우주란 무엇인가
7. 지구란 무엇인가
8. 새로운 생물학(품절)
9. 마이컴의 제작법(절판)
10. 과학사의 새로운 관점
11. 생명의 물리학(품절)
12. 인류가 나타난 날 I (품절)
13. 인류가 나타난 날II(품절)
14. 잠이란 무엇인가
15. 양자역학의 세계
16. 생명합성에의 길(품절)
17. 상대론적 우주론
18. 신체의 소사전
19. 생명의 탄생(품절)
20. 인간 영양학(절판)
21. 식물의 병(절판)
22. 물성물리학의 세계
23. 물리학의 재발견〈상〉
24. 생명을 만드는 물질
25. 물이란 무엇인가(품절)
26. 촉매란 무엇인가(품절)
27. 기계의 재발견
28. 공간학에의 초대(품절)
29. 행성과 생명(품절)
30. 구급의학 입문(절판)
31. 물리학의 재발견〈하〉
32. 열 번째 행성
33. 수의 장난감상자
34. 전파기술에의 초대
35. 유전독물
36. 인터페론이란 무엇인가
37. 쿼크
38. 전파기술입문
39. 유전자에 관한 50가지 기초지식
40. 4차원 문답
41. 과학적 트레이닝(절판)
42. 소립자론의 세계
43. 쉬운 역학 교실(품절)
44. 전자기파란 무엇인가
45. 초광속입자 타키온
46. 파인 세라믹스
47. 아인슈타인의 생애
48. 식물의 섹스
49. 바이오 테크놀러지
50. 새로운 화학
51. 나는 전자이다
52. 분자생물학 입문
53. 유전자가 말하는 생명의 모습
54. 분체의 과학(품절)
55. 섹스 사이언스
56. 교실에서 못 배우는 식물이야기(품절)
57. 화학이 좋아지는 책
58. 유기화학이 좋아지는 책
59. 노화는 왜 일어나는가
60. 리더십의 과학(절판)
61. DNA학 입문
62. 아몰퍼스
63. 안테나의 과학
64. 방정식의 이해와 해법

65. 단백질이란 무엇인가
66. 자석의 ABC
67. 물리학의 ABC
68. 천체관측 가이드(품절)
69. 노벨상으로 말하는 20세기 물리학
70. 지능이란 무엇인가
71. 과학자와 기독교(품절)
72. 알기 쉬운 양자론
73. 전자기학의 ABC
74. 세포의 사회(품절)
75. 산수 100가지 난문 • 기문
76. 반물질의 세계
77. 생체막이란 무엇인가(품절)
78. 빛으로 말하는 현대물리학
79. 소사전 • 미생물의 수첩(품절)
80. 새로운 유기화학(품절)
81. 중성자 물리의 세계
82. 초고진공이 여는 세계
83. 프랑스 혁명과 수학자들
84. 초전도란 무엇인가
85. 괴담의 과학(품절)
86. 전파는 위험하지 않은가
87. 과학자는 왜 선취권을 노리는가?
88. 플라스마의 세계
89. 머리가 좋아지는 영양학
90. 수학 질문 상자
91. 컴퓨터 그래픽의 세계
92. 퍼스컴 통계학 입문
93. OS/2로의 초대
94. 분리의 과학
95. 바다 야채
96. 잃어버린 세계 • 과학의 여행
97. 식물 바이오 테크놀러지
98. 새로운 양자생물학(품절)
99. 꿈의 신소재 • 기능성 고분자
100. 바이오 테크놀러지 용어사전
101. Quick C 첫걸음
102. 지식공학 입문
103. 퍼스컴으로 즐기는 수학
104. PC통신 입문
105. RNA 이야기
106. 인공지능의 ABC
107. 진화론이 변하고 있다
108. 지구의 수호신 • 성층권 오존
109. MS-Window란 무엇인가
110. 오답으로부터 배운다
111. PC C언어 입문
112. 시간의 불가사의
113. 뇌사란 무엇인가?
114. 세라믹 센서
115. PC LAN은 무엇인가?
116. 생물물리의 최전선
117. 사람은 방사선에 왜 약한가?
118. 신기한 화학 매직
119. 모터를 알기 쉽게 배운다
120. 상대론의 ABC
121. 수학기피증의 진찰실
122. 방사능을 생각한다
123. 조리요령의 과학
124. 앞을 내다보는 통계학
125. 원주율 π의 불가사의
126. 마취의 과학
127. 양자우주를 엿보다
128. 카오스와 프랙털
129. 뇌 100가지 새로운 지식
130. 만화수학 소사전
131. 화학사 상식을 다시보다
132. 17억 년 전의 원자로
133. 다리의 모든 것
134. 식물의 생명상
135. 수학 아직 이러한 것을 모른다
136. 우리 주변의 화학물질
137. 교실에서 가르쳐주지 않는 지구이야기
138. 죽음을 초월하는 마음의 과학